练习

Eureka Math
5年级熟练度

Great Minds PBC is the creator of Eureka Math®,
Wit & Wisdom®, Alexandria Plan™, and PhD Science™.

Published by Great Minds PBC. greatminds.org

Copyright © 2020 Great Minds PBC. All rights reserved. No part of this work may be reproduced or used in any form or by any means—graphic, electronic, or mechanical, including photocopying or information storage and retrieval systems—without written permission from the copyright holder.

ISBN 978-1-64929-288-9

1 2 3 4 5 6 7 8 9 10 CCD 25 24 23 22 21 20

Printed in the USA

学习·练习·成功

Eureka Math® 的学生材料单位的故事® (K-5) 在可在学习、实践和成功三部曲中获得。该系列丛书支持差异化和矫正,同时保持学生资料条理清晰且易于使用。教育工作者会发现本学习、练习 和成功系列还提供连贯并且的因而,更有效的资源,用于干预响应(RTI),额外练习和夏季学习。

学习

Eureka Math学习充当学生的课堂同伴,他们每天展示自己的思想,分享他们知道的内容并观察每日的知识积累。学习汇集日常课堂作业—应用题,课堂反馈条,习题集和模板—一切尽在易于保存和浏览的卷中。

练习

Eureka Math课程从一系列充满活力的欢乐流利活动开始,包括Eureka Math实践。数学方面熟练的学生可以更深入地掌握更多材料。运用实践,学生将掌握新习得的技能,并加强以前的学习,为下一堂课做准备。

携起手来,学习和实践提供学生将用于其核心数学教学的所有印刷材料。

成功

Eureka Math成功课程使学生能够通过独立学习而逐步掌握。这些额外的习题集使每节课与课堂教学保持一致,使其成为家庭作业或额外练习的理想选择。每个习题集都有一个家庭作业助手,这是一组工作示例,说明如何解决类似的问题。

老师和辅导员可以使用上一年级的成功课本,作为填补基础知识空白的与课程设置一致的工具。随着熟悉的模型促进与当前年级内容的联系,学生将蓬勃发展,并更快地进步。

学生，家庭和教育工作者：

谢谢您参与 *Eureka Math*® 社区，我们在此赞美数学给我们带来的乐趣，奇迹和兴奋。我们表现出兴奋的最明显方式之一是借助Eureka Math练习。

什么是熟练的数学？

您可能会想到熟练度与语言艺术有关，它指的是熟练的说和写。在幼儿园直至五年级，Eureka Math课程包含多个日常建立数学熟练度的机会。每个机会的设计理念都相同—培养每个学生轻松应用数学的能力。熟练体验通常是快节奏且充满活力的，庆祝进步，并专注于识别材料中的模式和联系。它们不用于评分。

Eureka Math流利活动通过多种形式提供了与众不同的实践—有些是口头进行的，有些是具有操作性的，有些则是使用个人白板，而另一些则采用讲义和纸笔形式。Eureka Math练习为每个学生提供他或她年级的印刷的熟练练习。

什么是冲刺？

许多印刷熟练活动都采用我们称为冲刺的形式。这些练习利用已经掌握的技能来提高速度和准确性。当学生接近最佳水平时，冲刺会利用速度来建立低风险的肾上腺素增强功能，从而增加记忆力和回忆率。它们的精心设计使冲刺具有与众不同的内在特性。习题从简单到复杂，第一象限的习题是最简单的，而随后的每个象限都增加了复杂性。此外，习题序列的精心模式会吸引学生更高层次的思维能力。

建议实现冲刺的形式要求学生以相同的技能进行两个连续的冲刺（标记为A和B），每个时间为一分钟。学生在冲刺之间停顿一下，以阐述他们在进行第一个冲刺时注意到的模式。注意到这些模式通常会自然提高其在第二次冲刺冲刺中的表现。

冲刺也可以使用不计时方案进行。当学生仍处于习题第一象限复杂程度的信心建立阶段时，强烈建议使用不计时方案。在所有学生都准备好成功冲刺时，那么借助定时协议的能量来提高速度和准确性通常是受到欢迎和鼓舞的。

我在哪里可以找到其他熟练度活动？

Eureka Math教师版指导教师进行每节课的所有熟练度活动，包括不需要印刷材料的活动。此外，Eureka Math数字套装提供对所有年级水平的熟练活动的访问，可以按标准或课程进行搜索。

祝愿您在一年中拥有灵光乍现的美好回忆！

Jill Diniz
Jill Diniz
数学主任
Great Minds

内容

第一章

第1课：乘以10冲刺练习 ... 3

第1课：未标记的百位到百分之一的数位表 ... 7

第3课：乘以3冲刺练习 ... 9

第5课：小数乘以10,100和1,000冲刺练习 ... 13

第7课：找到中点冲刺练习 ... 17

第9课：舍入到最近的个位冲刺练习 ... 21

第12课：添加小数冲刺练习 ... 25

第13课：减小数冲刺练习 ... 29

第15课：乘以商数冲刺练习 ... 33

第16课：乘以和除以商数冲刺练习 ... 37

模块2

第2课：小数乘以10,100和1,000 ... 43

第5课：估算乘数 ... 47

第6课：乘法心算 ... 49

第7课：乘以10,100和1,000的倍数冲刺练习 ... 51

第11课：乘以小数冲刺练习 ... 55

第15课：将英寸转换为英尺和英寸冲刺练习 ... 59

第16课：除以10和100的倍数冲刺练习 ... 63

第28课：小数除以10的倍数冲刺练习 ... 67

模块3

第1课：写出缺少的因数冲刺练习 ... 73

第2课：找出缺失的分子或分母冲刺练习 ... 77

第3课：找出缺失的分子或分母冲刺练习 ... 81

第5课：从自然整数中减去分数冲刺练习 ... 85

第7课：圈起等效分数冲刺练习 ... 89

第9课：使用相似单位加和减分数冲刺练习 ... 93

第10课：用分数单位加和减整数和个位数冲刺练习 ... 97

第12课：使用不相似单位减分数冲刺练习 ... 101

第14课：构成较大单位冲刺练习 ... 105

第15课：圈起较小的分数冲刺练习 ... 109

模块4

第6课：除自然整数冲刺练习 ... 115

第14课：将分数和自然整数相乘冲刺练习 ... 119

第18课：乘分数冲刺练习 ... 123

第21课：乘小数冲刺练习 ... 127

第30课：将自然整数除以分数及将分数除以自然整数冲刺练习 ... 131

第33课：除小数冲刺练习 ... 135

模块5

第3课：将分数与自然整数相乘冲刺练习 ... 141

第7课：乘分数冲刺练习 ... 145

第11课：乘小数冲刺练习 ... 149

第18课：将自然整数除以分数并将分数除以自然整数冲刺练习 ... 153

第19课：乘以10和100的倍数冲刺练习 ... 157

第21课：除以10和100的倍数冲刺练习 ... 161

模块6

第3课：坐标格 ... 167

第4课：坐标格 ... 169

第6课：百万位到千分位数位表 ... 171

第7课：坐标格 ... 173

第8课：小数乘以10,100和1,000冲刺练习 ... 175

第8课：坐标格插入 ... 179

第11课：舍入到最近的个位冲刺练习 ... 181

第12课：减去小数冲刺练习 ... 185

第19课：构成较大单位冲刺练习 ... 189

第20课：从自然整数中减去分数冲刺练习 ... 193

第23课：将带分数化为假分数冲刺练习 ... 197

第29课：乘以小数冲刺练习 ... 201

第33课：除以小数冲刺练习 ... 205

5年级

模块 1

A

单位的故事　　　　　　　　　　　　　　　　　　　　第1课冲刺练习　5•1

正确的数字：_____

乘以10

1.	12 × 10 =		23.	34 × 10 =	
2.	14 × 10 =		24.	134 × 10 =	
3.	15 × 10 =		25.	234 × 10 =	
4.	17 × 10 =		26.	334 × 10 =	
5.	81 × 10 =		27.	834 × 10 =	
6.	10 × 81 =		28.	10 × 834 =	
7.	21 × 10 =		29.	45 × 10 =	
8.	22 × 10 =		30.	145 × 10 =	
9.	23 × 10 =		31.	245 × 10 =	
10.	29 × 10 =		32.	345 × 10 =	
11.	92 × 10 =		33.	945 × 10 =	
12.	10 × 92 =		34.	56 × 10 =	
13.	18岁 × 10 =		35.	456 × 10 =	
14.	19 × 10 =		36.	556 × 10 =	
15.	20 × 10 =		37.	950 × 10 =	
16.	30 × 10 =		38.	10 × 950 =	
17.	40 × 10 =		39.	16 × 10 =	
18.	80 × 10 =		40.	10 × 60 =	
19.	10 × 80 =		41.	493 × 10 =	
20.	10 × 50 =		42.	10 × 84 =	
21.	10 × 90 =		43.	96 × 10 =	
22.	10 × 70 =		44.	10 × 580 =	

第1课： 使用数位理解来进行巩固图形推理以便将相邻的十进制单位从百万到千位关联起来。

B

单位的故事　　　　　　　　　　　　　　　第1课冲刺练习　5•1

正确的数字：_____

乘以10

提高：_____

1.	13 × 10 =		23.	43 × 10 =	
2.	14 × 10 =		24.	143 × 10 =	
3.	15 × 10 =		25.	243 × 10 =	
4.	19 × 10 =		26.	343 × 10 =	
5.	91 × 10 =		27.	743 × 10 =	
6.	10 × 91 =		28.	10 × 743 =	
7.	31 × 10 =		29.	54 × 10 =	
8.	32 × 10 =		30.	154 × 10 =	
9.	33 × 10 =		31.	254 × 10 =	
10.	38 × 10 =		32.	354 × 10 =	
11.	83 × 10 =		33.	854 × 10 =	
12.	10 × 83 =		34.	65岁 × 10 =	
13.	28 × 10 =		35.	465 × 10 =	
14.	29 × 10 =		36.	565 × 10 =	
15.	30 × 10 =		37.	960 × 10 =	
16.	40 × 10 =		38.	10 × 960 =	
17.	50 × 10 =		39.	17 × 10 =	
18.	90 × 10 =		40.	10 × 70 =	
19.	10 × 90 =		41.	582 × 10 =	
20.	10 × 20 =		42.	10 × 73 =	
21.	10 × 60 =		43.	98 × 10 =	
22.	10 × 80 =		44.	10 × 470 =	

第1课：　使用数位理解来进行巩固图形推理以便将相邻的十进制单位从百万到千位关联起来。

未标记的百位到百分位的数位表

第1课: 使用数位理解来进行巩固图形推理以便将相邻的十进制单位从百万到千位关联起来。

A

单位的故事　　　　　　　　　　　　　　　　　　　　　　　第3课冲刺　5•1

正确的数字：_____

乘以3

1.	1 × 3 =		23.	10 × 3 =	
2.	3 × 1 =		24.	9 × 3 =	
3.	2 × 3 =		25.	4 × 3 =	
4.	3 × 2 =		26.	8 × 3 =	
5.	3 × 3 =		27.	5 × 3 =	
6.	4 × 3 =		28.	7 × 3 =	
7.	3 × 4 =		29.	6 × 3 =	
8.	5 × 3 =		30.	3 × 10 =	
9.	3 × 5 =		31.	3 × 5 =	
10.	6 × 3 =		32.	3 × 6 =	
11.	3 × 6 =		33.	3 × 1 =	
12.	7 × 3 =		34.	3 × 9 =	
13.	3 × 7 =		35.	3 × 4 =	
14.	8 × 3 =		36.	3 × 3 =	
15.	3 × 8 =		37.	3 × 2 =	
16.	9 × 3 =		38.	3 × 7 =	
17.	3 × 9 =		39.	3 × 8 =	
18.	10 × 3 =		40.	11 × 3 =	
19.	3 × 10 =		41.	3 × 11 =	
20.	3 × 3 =		42.	12 × 3 =	
21.	1 × 3 =		43.	3 × 13 =	
22.	2 × 3 =		44.	13 × 3 =	

第3课：使用指数来命名数位单位，并说明放置小数点的模式。

B

单位的故事 第3课冲刺 5•1

正确的数字: _____

乘以3

提高: _____

1.	3 × 1 =		23.	9 × 3 =	
2.	1 × 3 =		24.	3 × 3 =	
3.	3 × 2 =		25.	8 × 3 =	
4.	2 × 3 =		26.	4 × 3 =	
5.	3 × 3 =		27.	7 × 3 =	
6.	3 × 4 =		28.	5 × 3 =	
7.	4 × 3 =		29.	6 × 3 =	
8.	3 × 5 =		30.	3 × 5 =	
9.	5 × 3 =		31.	3 × 10 =	
10.	3 × 6 =		32.	3 × 1 =	
11.	6 × 3 =		33.	3 × 6 =	
12.	3 × 7 =		34.	3 × 4 =	
13.	7 × 3 =		35.	3 × 9 =	
14.	3 × 8 =		36.	3 × 2 =	
15.	8 × 3 =		37.	3 × 7 =	
16.	3 × 9 =		38.	3 × 3 =	
17.	9 × 3 =		39.	3 × 8 =	
18.	3 × 10 =		40.	11 × 3 =	
19.	10 × 3 =		41.	3 × 11 =	
20.	1 × 3 =		42.	13 × 3 =	
21.	10 × 3 =		43.	3 × 13 =	
22.	2 × 3 =		44.	12 × 3 =	

第3课: 使用指数来命名数位单位,并说明放置小数点的模式。

Copyright © Great Minds PBC

A

正确的数字：_____

小数乘以10，100 和1,000

1.	62.3 × 10 =	
2.	62.3 × 100 =	
3.	62.3 × 1,000 =	
4.	73.6 × 10 =	
5.	73.6 × 100 =	
6.	73.6 × 1,000 =	
7.	0.6 × 10 =	
8.	0.06 × 10 =	
9.	0.006 × 10 =	
10.	0.3 × 10 =	
11.	0.3 × 100 =	
12.	0.3 × 1,000 =	
13.	0.02 × 10 =	
14.	0.02 × 100 =	
15.	0.02 × 1,000 =	
16.	0.008 × 10 =	
17.	0.008 × 100 =	
18.	0.008 × 1,000 =	
19.	0.32 × 10 =	
20.	0.67 × 10 =	
21.	0.91 × 100 =	
22.	0.74 × 100 =	

23.	4.1 × 1,000 =	
24.	7.6 × 1,000 =	
25.	0.01 × 1,000 =	
26.	0.07 × 1,000 =	
27.	0.072 × 100 =	
28.	0.802 × 10 =	
29.	0.019 × 1,000 =	
30.	7.412 × 1,000 =	
31.	6.8 × 100 =	
32.	4.901 × 10 =	
33.	16.07 × 100 =	
34.	9.19 × 10 =	
35.	18.2 × 100 =	
36.	14.7 × 1,000 =	
37.	2.021 × 100 =	
38.	172.1 × 10 =	
39.	3.2 × 20 =	
40.	4.1 × 20 =	
41.	3.2 × 30 =	
42.	1.3 × 30 =	
43.	3.12 × 40 =	
44.	14.12 × 40 =	

第5课： 应用数位推理来扩展、单位和文字的小数点。

B

单位的故事 第5课冲刺练习 5•1

正确的数字：_____

小数乘以10,100和1,000

提高：_____

1.	46.1 × 10 =		23.	5.2 × 1,000 =	
2.	46.1 × 100 =		24.	8.7 × 1,000 =	
3.	46.1 × 1,000 =		25.	0.01 × 1,000 =	
4.	89.2 × 10 =		26.	0.08 × 1,000 =	
5.	89.2 × 100 =		27.	0.083 × 10 =	
6.	89.2 × 1,000 =		28.	0.903 × 10 =	
7.	0.3 × 10 =		29.	0.017 × 1,000 =	
8.	0.03 × 10 =		30.	8.523 × 1,000 =	
9.	0.003 × 10 =		31.	7.9 × 100 =	
10.	0.9 × 10 =		32.	5.802 × 10 =	
11.	0.9 × 100 =		33.	27.08 × 100 =	
12.	0.9 × 1,000 =		34.	8.18 × 10 =	
13.	0.04 × 10 =		35.	29.3 × 100 =	
14.	0.04 × 100 =		36.	25.8 × 1,000 =	
15.	0.04 × 1,000 =		37.	3.032 × 100 =	
16.	0.007 × 10 =		38.	283.1 × 10 =	
17.	0.007 × 100 =		39.	2.1 × 20 =	
18.	0.007 × 1,000 =		40.	3.3 × 20 =	
19.	0.45 × 10 =		41.	3.1 × 30 =	
20.	0.78 × 10 =		42.	1.2 × 30 =	
21.	0.28 × 100 =		43.	2.11 × 40 =	
22.	0.19 × 100 =		44.	13.11 × 40 =	

第5课： 应用数位推理来扩展、单位和文字的小数点。

A

单位的故事 第7课冲刺练习 5·1

正确的数字：_____

寻找中点

1.	0	10	23.	8.5	8.6
2.	0	1	24.	2.8	2.9
3.	0	0.01	25.	0.03	0.04
4.	10	20	26.	0.13	0.14
5.	1	2	27.	0.37	0.38
6.	2	3	28.	80	90
7.	3	4	29.	90	100
8.	7	8	30.	8	9
9.	1	2	31.	9	10
10.	0.1	0.2	32.	0.8	0.9
11.	0.2	0.3	33.	0.9	1
12.	0.3	0.4	34.	0.08	0.09
13.	0.7	0.8	35.	0.09	0.1
14.	0.1	0.2	36.	26	27
15.	0.01	0.02	37.	7.8	7.9
16.	0.02	0.03	38.	1.26	1.27
17.	0.03	0.04	39.	29	30
18.	0.07	0.08	40.	9.9	10
19.	6	7	41.	7.9	8
20.	16	17	42.	1.59	1.6
21.	38	39	43.	1.79	1.8
22.	0.4	0.5	44.	3.99	4

第7课： 使用数位理解和垂直数线将多位数舍入到任何位置。

B

单位的故事　　　　　　　　　　　　　　　　　　　　　　　　　　　第7课冲刺练习　5•1

正确的数字：_____

寻找中点　　　　　　　　　　　　　　　　　　　　　　　　　提高：_____

1.	10	20
2.	1	2
3.	0.1	0.2
4.	0.01	0.02
5.	0	10
6.	0	1
7.	1	2
8.	2	3
9.	6	7
10.	1	2
11.	0.1	0.2
12.	0.2	0.3
13.	0.3	0.4
14.	0.6	0.7
15.	0.1	0.2
16.	0.01	0.02
17.	0.02	0.03
18.	0.03	0.04
19.	0.06	0.07
20.	7	8
21.	17	18
22.	47	48

23.	0.7	0.8
24.	4.7	4.8
25.	2.3	2.4
26.	0.02	0.03
27.	0.12	0.13
28.	0.47	0.48
29.	80	90
30.	90	100
31.	8	9
32.	9	10
33.	0.8	0.9
34.	0.9	1
35.	0.08	0.09
36.	0.09	0.1
37.	36	37
38.	6.8	6.9
39.	1.46	1.47
40.	39	40
41.	9.9	10
42.	6.9	7
43.	1.29	1.3
44.	6.99	7

第7课：　　使用数位理解和垂直数线将多位数舍入到任何位置。

Copyright © Great Minds PBC

A

单位的故事 第9课冲刺练习 5·1

正确的数字: _____

舍入到最近的个位

1.	3.1 ≈		23.	12.51 ≈	
2.	3.2 ≈		24.	16.61 ≈	
3.	3.3 ≈		25.	17.41 ≈	
4.	3.4 ≈		26.	11.51 ≈	
5.	3.5 ≈		27.	11.49 ≈	
6.	3.6 ≈		28.	13.49 ≈	
7.	3.9 ≈		29.	13.51 ≈	
8.	13.9 ≈		30.	15.51 ≈	
9.	13.1 ≈		31.	15.49 ≈	
10.	13.5 ≈		32.	6.3 ≈	
11.	7.5 ≈		33.	7.6 ≈	
12.	8.5 ≈		34.	49.5 ≈	
13.	9.5 ≈		35.	3.45 ≈	
14.	19.5 ≈		36.	17.46 ≈	
15.	29.5 ≈		37.	11.76 ≈	
16.	89.5 ≈		38.	5.2 ≈	
17.	2.4 ≈		39.	12.8 ≈	
18.	2.41 ≈		40.	59.5 ≈	
19.	2.42 ≈		41.	5.45 ≈	
20.	2.45 ≈		42.	19.47 ≈	
21.	2.49 ≈		43.	19.87 ≈	
22.	2.51 ≈		44.	69.51 ≈	

第9课: 使用数位策略来添加小数点,并将策略关联到一个书面方法。

Copyright © Great Minds PBC

B

正确的数字: _____

舍入到最近的个位

提高: _____

1.	4.1 ≈		23.	13.51 ≈	
2.	4.2 ≈		24.	17.61 ≈	
3.	4.3 ≈		25.	18.41 ≈	
4.	4.4 ≈		26.	12.51 ≈	
5.	4.5 ≈		27.	12.49 ≈	
6.	4.6 ≈		28.	14.49 ≈	
7.	4.9 ≈		29.	14.51 ≈	
8.	14.9 ≈		30.	16.51 ≈	
9.	14.1 ≈		31.	16.49 ≈	
10.	14.5 ≈		32.	7.3 ≈	
11.	7.5 ≈		33.	8.6 ≈	
12.	8.5 ≈		34.	39.5 ≈	
13.	9.5 ≈		35.	4.45 ≈	
14.	19.5 ≈		36.	18.46 ≈	
15.	29.5 ≈		37.	12.76 ≈	
16.	79.5 ≈		38.	6.2 ≈	
17.	3.4 ≈		39.	13.8 ≈	
18.	3.41 ≈		40.	49.5 ≈	
19.	3.42 ≈		41.	6.45 ≈	
20.	3.45 ≈		42.	19.48 ≈	
21.	3.49 ≈		43.	19.78 ≈	
22.	3.51 ≈		44.	59.51 ≈	

第9课: 使用数位策略来添加小数点,并将策略关联到一个书面方法。

A

单位的故事　　　　　　　　　　　　　　　　　　　　第12课冲刺练习　5•1

正确的数字: _____

加小数

#	题目		#	题目	
1.	3 + 1个 =		23.	5 + 0.1 =	
2.	3.5 + 1个 =		24.	5.7 + 0.1 =	
3.	3.52 + 1个 =		25.	5.73 + 0.1 =	
4.	0.3 + 0.1 =		26.	5.736 + 0.1 =	
5.	0.37 + 0.1 =		27.	5.736 + 1个 =	
6.	5.37 + 0.1 =		28.	5.736 + 0.01 =	
7.	0.03 + 0.01 =		29.	5.736 + 0.001 =	
8.	0.83 + 0.01 =		30.	6.208 + 0.01 =	
9.	2.83 + 0.01 =		31.	3 + 0.01 =	
10.	30 + 10 =		32.	3.5 + 0.01 =	
11.	32 + 10 =		33.	3.58 + 0.01 =	
12.	32.5 + 10 =		34.	3.584 + 0.01 =	
13.	32.58 + 10 =		35.	3.584 + 0.001 =	
14.	40.789 + 1个 =		36.	3.584 + 0.1 =	
15.	4 + 1个 =		37.	3.584 + 1个 =	
16.	4.6 + 1个 =		38.	6.804 + 0.01 =	
17.	4.62 + 1个 =		39.	8.642 + 0.001 =	
18.	4.628 + 1个 =		40.	7.65 + 0.001 =	
19.	4.628 + 0.1 =		41.	3.987 + 0.1 =	
20.	4.628 + 0.01 =		42.	4.279 + 0.001 =	
21.	4.628 + 0.001 =		43.	13.579 + 0.01 =	
22.	27.048 + 0.1 =		44.	15.491 + 0.01 =	

第12课: 纯小数乘以单位数自然整数,包括使用估计来确认小数点的位置。

B

正确的数字：_____

加小数   提高：_____

1.	2 + 1个 =	
2.	2.5 + 1个 =	
3.	2.53 + 1个 =	
4.	0.2 + 0.1 =	
5.	0.27 + 0.1 =	
6.	5.27 + 0.1 =	
7.	0.02 + 0.01 =	
8.	0.82 + 0.01 =	
9.	4.82 + 0.01 =	
10.	20 + 10 =	
11.	23 + 10 =	
12.	23.5 + 10 =	
13.	23.58 + 10 =	
14.	30.789 + 1个 =	
15.	3 + 1个 =	
16.	3.6 + 1个 =	
17.	3.62 + 1个 =	
18.	3.628 + 1个 =	
19.	3.628 + 0.1 =	
20.	3.628 + 0.01 =	
21.	3.628 + 0.001 =	
22.	37.048 + 0.1 =	

23.	4 + 0.1 =	
24.	4.7 + 0.1 =	
25.	4.73 + 0.1 =	
26.	4.736 + 0.1 =	
27.	4.736 + 1个 =	
28.	4.736 + 0.01 =	
29.	4.736 + 0.001 =	
30.	5.208 + 0.01 =	
31.	2 + 0.01 =	
32.	2.5 + 0.01 =	
33.	2.58 + 0.01 =	
34.	2.584 + 0.01 =	
35.	2.584 + 0.001 =	
36.	2.584 + 0.1 =	
37.	2.584 + 1个 =	
38.	.804 + 0.01 =	
39.	7.642 + 0.001 =	
40.	6.75 + 0.001 =	
41.	2.987 + 0.1 =	
42.	3.279 + 0.001 =	
43.	12.579 + 0.01 =	
44.	14.391 + 0.01 =	

A

单位的故事　　　　　　　　　　　　　　　　　　　　第13课冲刺

正确的数字：_____

减小数

1.	5 − 1 =		23.	7.985 − 0.002 =	
2.	5.9 − 1 =		24.	7.985 − 0.004 =	
3.	5.93 − 1 =		25.	2.7 − 0.1 =	
4.	5.932 − 1 =		26.	2.785 − 0.1 =	
5.	5.932 − 2 =		27.	2.785 − 0.5 =	
6.	5.932 − 4 =		28.	4.913 − 0.4 =	
7.	0.5 − 0.1 =		29.	3.58 − 0.01 =	
8.	0.53 − 0.1 =		30.	3.586 − 0.01 =	
9.	0.539 − 0.1 =		31.	3.586 − 0.05 =	
10.	8.539 − 0.1 =		32.	7.982 − 0.04 =	
11.	8.539 − 0.2 =		33.	6.126 − 0.001 =	
12.	8.539 − 0.4 =		34.	6.126 − 0.004 =	
13.	0.05 − 0.01 =		35.	9.348 − 0.006 =	
14.	0.057 − 0.01 =		36.	8.347 − 0.3 =	
15.	1.057 − 0.01 =		37.	9.157 − 0.05 =	
16.	1.857 − 0.01 =		38.	6.879 − 0.009 =	
17.	1.857 − 0.02 =		39.	6.548 − 2 =	
18.	1.857 − 0.04 =		40.	6.548 − 0.2 =	
19.	0.005 − 0.001 =		41.	6.548 − 0.02 =	
20.	7.005 − 0.001 =		42.	6.548 − 0.002 =	
21.	7.905 − 0.001 =		43.	6.196 − 0.06 =	
22.	7.985 − 0.001 =		44.	9.517 − 0.004 =	

第13课：小数除以单位数自然纯数，其包含易于识别的倍数，并使用数位理解以及关联到一个书面方法。

B

单位的故事　　　　　　　　　　　　　　　　　　　　第13课冲刺　5·1

正确的数字: _____

减小数　　　　　　　　　　　　　　　　　　　　　　提高: _____

1.	6 − 1 =			23.	7.986 − 0.002 =	
2.	6.9 − 1 =			24.	7.986 − 0.004 =	
3.	6.93 − 1 =			25.	3.7 − 0.1 =	
4.	6.932 − 1 =			26.	3.785 − 0.1 =	
5.	6.932 − 2 =			27.	3.785 − 0.5 =	
6.	6.932 − 4 =			28.	5.924 − 0.4 =	
7.	0.6 − 0.1 =			29.	4.58 − 0.01 =	
8.	0.63 − 0.1 =			30.	4.586 − 0.01 =	
9.	0.639 − 0.1 =			31.	4.586 − 0.05 =	
10.	8.639 − 0.1 =			32.	6.183 − 0.04 =	
11.	8.639 − 0.2 =			33.	7.127 − 0.001 =	
12.	8.639 − 0.4 =			34.	7.127 − 0.004 =	
13.	0.06 − 0.01 =			35.	1.459 − 0.006 =	
14.	0.067 − 0.01 =			36.	8.457 − 0.4 =	
15.	1.067 − 0.01 =			37.	1.267 − 0.06 =	
16.	1.867 − 0.01 =			38.	7.981 − 0.001 =	
17.	1.867 − 0.02 =			39.	7.548 − 2 =	
18.	1.867 − 0.04 =			40.	7.548 − 0.2 =	
19.	0.006 − 0.001 =			41.	7.548 − 0.02 =	
20.	7.006 − 0.001 =			42.	7.548 − 0.002 =	
21.	7.906 − 0.001 =			43.	7.197 − 0.06 =	
22.	7.986 − 0.001 =			44.	1.627 − 0.004 =	

第13课： 小数除以单位数自然纯数,其包含易于识别的倍数,并使用数位理解以及关联到一个书面方法。

A

正确的数字: _____

乘以指数

1.	$10 \times 10 =$	
2.	$10^2 =$	
3.	$10^2 \times 10 =$	
4.	$10^3 =$	
5.	$10^3 \times 10 =$	
6.	$10^4 =$	
7.	$3 \times 100 =$	
8.	$3 \times 10^2 =$	
9.	$3.1 \times 10^2 =$	
10.	$3.15 \times 10^2 =$	
11.	$3.157 \times 10^2 =$	
12.	$4 \times 1{,}000 =$	
13.	$4 \times 10^3 =$	
14.	$4.2 \times 10^3 =$	
15.	$4.28 \times 10^3 =$	
16.	$4.283 \times 10^3 =$	
17.	$5 \times 10{,}000 =$	
18.	$5 \times 10^4 =$	
19.	$5.7 \times 10^4 =$	
20.	$5.73 \times 10^4 =$	
21.	$5.731 \times 10^4 =$	
22.	$24 \times 100 =$	
23.	$24 \times 10^2 =$	
24.	$24.7 \times 10^2 =$	
25.	$24.07 \times 10^2 =$	
26.	$24.007 \times 10^2 =$	
27.	$53 \times 1{,}000 =$	
28.	$53 \times 10^3 =$	
29.	$53.8 \times 10^3 =$	
30.	$53.08 \times 10^3 =$	
31.	$53.082 \times 10^3 =$	
32.	$9.1 \times 10{,}000 =$	
33.	$9.1 \times 10^4 =$	
34.	$91.4 \times 10^4 =$	
35.	$91.104 \times 10^4 =$	
36.	$91.107 \times 10^4 =$	
37.	$1.2 \times 10^2 =$	
38.	$0.35 \times 10^3 =$	
39.	$5.492 \times 10^4 =$	
40.	$8.04 \times 10^3 =$	
41.	$7.109 \times 10^4 =$	
42.	$0.058 \times 10^2 =$	
43.	$20.78 \times 10^3 =$	
44.	$420.079 \times 10^2 =$	

第15课: 使用数位理解来除小数,包括最小单位内的的余数。

B

单位的故事   第15课冲刺练习   5•1

正确的数字：_____

乘以指数   提高：_____

1.	$10 \times 10 \times 1 =$		23.	$42 \times 10^2 =$	
2.	$10^2 =$		24.	$42.7 \times 10^2 =$	
3.	$10^2 \times 10 =$		25.	$42.07 \times 10^2 =$	
4.	$10^3 =$		26.	$42.007 \times 10^2 =$	
5.	$10^3 \times 10 =$		27.	$35 \times 1{,}000 =$	
6.	$10^4 =$		28.	$35 \times 10^3 =$	
7.	$4 \times 100 =$		29.	$35.8 \times 10^3 =$	
8.	$4 \times 10^2 =$		30.	$35.08 \times 10^3 =$	
9.	$4.1 \times 10^2 =$		31.	$35.082 \times 10^3 =$	
10.	$4.15 \times 10^2 =$		32.	$8.1 \times 10{,}000 =$	
11.	$4.157 \times 10^2 =$		33.	$8.1 \times 10^4 =$	
12.	$5 \times 1{,}000 =$		34.	$81.4 \times 10^4 =$	
13.	$5 \times 10^3 =$		35.	$81.104 \times 10^4 =$	
14.	$5.2 \times 10^3 =$		36.	$81.107 \times 10^4 =$	
15.	$5.28 \times 10^3 =$		37.	$1.3 \times 10^2 =$	
16.	$5.283 \times 10^3 =$		38.	$0.53 \times 10^3 =$	
17.	$7 \times 10{,}000 =$		39.	$4.391 \times 10^4 =$	
18.	$7 \times 10^4 =$		40.	$7.03 \times 10^3 =$	
19.	$7.5 \times 10^4 =$		41.	$6.109 \times 10^4 =$	
20.	$7.53 \times 10^4 =$		42.	$0.085 \times 10^2 =$	
21.	$7.531 \times 10^4 =$		43.	$30.87 \times 10^3 =$	
22.	$42 \times 100 =$		44.	$530.097 \times 10^2 =$	

第15课：   使用数位理解来除小数,包括最小单位内的的余数。

A

单位的故事 第16课冲刺练习 5•1

正确的数字：_____

乘以和除以指数

1.	$10 \times 10 =$		23.	$3{,}400 \div 10^2 =$	
2.	$10^2 =$		24.	$3{,}470 \div 10^2 =$	
3.	$10^2 \times 10 =$		25.	$3{,}407 \div 10^2 =$	
4.	$10^3 =$		26.	$3{,}400.7 \div 10^2 =$	
5.	$10^3 \times 10 =$		27.	$63{,}000 \div 1{,}000 =$	
6.	$10^4 =$		28.	$63{,}000 \div 10^3 =$	
7.	$3 \times 100 =$		29.	$63{,}800 \div 10^3 =$	
8.	$3 \times 10^2 =$		30.	$63{,}080 \div 10^3 =$	
9.	$3.1 \times 10^2 =$		31.	$63{,}082 \div 10^3 =$	
10.	$3.15 \times 10^2 =$		32.	$81{,}000 \div 10{,}000 =$	
11.	$3.157 \times 10^2 =$		33.	$81{,}000 \div 10^4 =$	
12.	$4 \times 1{,}000 =$		34.	$81{,}400 \div 10^4 =$	
13.	$4 \times 10^3 =$		35.	$81{,}040 \div 10^4 =$	
14.	$4.2 \times 10^3 =$		36.	$91{,}070 \div 10^4 =$	
15.	$4.28 \times 10^3 =$		37.	$120 \div 10^2 =$	
16.	$4.283 \times 10^3 =$		38.	$350 \div 10^3 =$	
17.	$5 \times 10{,}000 =$		39.	$45{,}920 \div 10^4 =$	
18.	$5 \times 10^4 =$		40.	$6{,}040 \div 10^3 =$	
19.	$5.7 \times 10^4 =$		41.	$61{,}080 \div 10^4 =$	
20.	$5.73 \times 10^4 =$		42.	$7.8 \div 10^2 =$	
21.	$5.731 \times 10^4 =$		43.	$40{,}870 \div 10^3 =$	
22.	$24 \times 100 =$		44.	$52{,}070.9 \div 10^2 =$	

第16课： 使用小数运算来解决文字题。

B

正确的数字：_____

乘以和除以指数

提高：_____

1.	$10 \times 10 \times 1 =$		23.	$4{,}300 \div 10^2 =$	
2.	$10^2 =$		24.	$4{,}370 \div 10^2 =$	
3.	$10^2 \times 10 =$		25.	$4{,}307 \div 10^2 =$	
4.	$10^3 =$		26.	$4{,}300.7 \div 10^2 =$	
5.	$10^3 \times 10 =$		27.	$73{,}000 \div 1{,}000$	
6.	$10^4 =$		28.	$73{,}000 \div 10^3 =$	
7.	$500 \div 100 =$		29.	$73{,}800 \div 10^3 =$	
8.	$500 \div 10^2 =$		30.	$73{,}080 \div 10^3 =$	
9.	$510 \div 10^2 =$		31.	$73{,}082 \div 10^3 =$	
10.	$516 \div 10^2 =$		32.	$91{,}000 \div 10{,}000 =$	
11.	$516.7 \div 10^2 =$		33.	$91{,}000 \div 10^4 =$	
12.	$6{,}000 \div 1{,}000 =$		34.	$91{,}400 \div 10^4 =$	
13.	$6{,}000 \div 10^3 =$		35.	$91{,}040 \div 10^4 =$	
14.	$6{,}200 \div 10^3 =$		36.	$81{,}070 \div 10^4 =$	
15.	$6{,}280 \div 10^3 =$		37.	$170 \div 10^2 =$	
16.	$6{,}283 \div 10^3 =$		38.	$450 \div 10^3 =$	
17.	$70{,}000 \div 10{,}000 =$		39.	$54{,}920 \div 10^4 =$	
18.	$70{,}000 \div 10^4 =$		40.	$4{,}060 \div 10^3 =$	
19.	$76{,}000 \div 10^4 =$		41.	$71{,}080 \div 10^4 =$	
20.	$76{,}300 \div 10^4 =$		42.	$8.7 \div 10^2 =$	
21.	$76{,}310 \div 10^4 =$		43.	$60{,}470 \div 10^3 =$	
22.	$4{,}300 \div 100 =$		44.	$72{,}050.9 \div 10^2 =$	

第16课： 使用小数运算来解决文字问题。

5年级模块2

A

答对数目: _____

分别乘以10、100和1,000

1.	9 × 10 =		23.	73 × 1,000 =	
2.	9 × 100 =		24.	60 × 10 =	
3.	9 × 1,000 =		25.	600 × 10 =	
4.	8 × 10 =		26.	600 × 100 =	
5.	80 × 10 =		27.	65 × 100 =	
6.	80 × 100 =		28.	652 × 100 =	
7.	80 × 1,000 =		29.	342 × 100 =	
8.	7 × 10 =		30.	800 × 100 =	
9.	70 × 10 =		31.	800 × 1,000 =	
10.	700 × 10 =		32.	860 × 1,000 =	
11.	700 × 100 =		33.	867 × 1,000 =	
12.	700 × 1,000 =		34.	492 × 1,000 =	
13.	2 × 10 =		35.	34 × 10 =	
14.	30 × 10 =		36.	629 × 10 =	
15.	32 × 10 =		37.	94 × 100 =	
16.	4 × 10 =		38.	238 × 100 =	
17.	50 × 10 =		39.	47 × 1,000 =	
18.	54 × 10 =		40.	294 × 1,000 =	
19.	37 × 10 =		41.	174 × 100 =	
20.	84 × 10 =		42.	285 × 1,000 =	
21.	84 × 100 =		43.	951 × 100 =	
22.	84 × 1,000 =		44.	129 × 1,000 =	

B

答对数目: _____

进步: _____

分别乘以10、100和1,000

1.	8 × 10 =		23.	37 × 1,000 =	
2.	8 × 100 =		24.	50 × 10 =	
3.	8 × 1,000 =		25.	500 × 10 =	
4.	7 × 10 =		26.	500 × 100 =	
5.	70 × 10 =		27.	56 × 100 =	
6.	70 × 100 =		28.	562 × 100 =	
7.	70 × 1,000 =		29.	432 × 100 =	
8.	6 × 10 =		30.	700 × 100 =	
9.	60 × 10 =		31.	700 × 1,000 =	
10.	600 × 10 =		32.	760 × 1,000 =	
11.	600 × 100 =		33.	765 × 1,000 =	
12.	600 × 1,000 =		34.	942 × 1,000 =	
13.	3 × 10 =		35.	74 × 10 =	
14.	20 × 10 =		36.	269 × 10 =	
15.	23 × 10 =		37.	49 × 100 =	
16.	5 × 10 =		38.	328 × 100 =	
17.	40 × 10 =		39.	37 × 1,000 =	
18.	45 × 10 =		40.	924 × 1,000 =	
19.	73 × 10 =		41.	147 × 100 =	
20.	48 × 10 =		42.	825 × 1,000 =	
21.	48 × 100 =		43.	651 × 100 =	
22.	48 × 1,000 =		44.	192 × 1,000 =	

第2课: 通过因子四舍五入精确到基础因子和使用数位模式估算多位数乘积。

#	问题		#	问题	
1	29 × 11 ≈		23	801 × 31 ≈	
2	29 × 21 ≈		24	803 × 31 ≈	
3	29 × 31 ≈		25	703 × 31 ≈	
4	23 × 12 ≈		26	43 × 34 ≈	
5	23 × 22 ≈		27	53 × 34 ≈	
6	23 × 32 ≈		28	53 × 31 ≈	
7	23 × 42 ≈		29	53 × 51 ≈	
8	37 × 13 ≈		30	93 × 31 ≈	
9	37 × 23 ≈		31	913 × 31 ≈	
10	36 × 24 ≈		32	73 × 31 ≈	
11	24 × 36 ≈		33	723 × 31 ≈	
12	43 × 11 ≈		34	78 × 34 ≈	
13	43 × 21 ≈		35	798 × 34 ≈	
14	403 × 21 ≈		36	62 × 33 ≈	
15	303 × 21 ≈		37	642 × 33 ≈	
16	203 × 21 ≈		38	374 × 64 ≈	
17	41 × 11 ≈		39	64 × 374 ≈	
18	41 × 21 ≈		40	740 × 36 ≈	
19	41 × 31 ≈		41	750 × 36 ≈	
20	401 × 31 ≈		42	65 × 680 ≈	
21	501 × 31 ≈		43	849 × 84 ≈	
22	601 × 31 ≈		44	85 × 849 ≈	

估算乘积

单位的故事　　　　　　　　　第 5 课样式表估算然后相乘。　5•2

解题。

#	题目		#	题目	
1	5 × 100 =		23	5000 – 50 =	
2	500 – 5 =		24	50 × 99 =	
3	5 × 99 =		25	80 × 100 =	
4	3 × 100 =		26	80 × 99 =	
5	300 – 3 =		27	60 × 100 =	
6	3 × 99 =		28	60 × 99 =	
7	2 × 100 =		29	11 × 100 =	
8	200 – 2 =		30	1100 – 11 =	
9	2 × 99 =		31	11 × 99 =	
10	6 × 100 =		32	21 × 100 =	
11	600 – 6 =		33	2100 – 21 =	
12	6 × 99 =		34	21 × 99 =	
13	4 × 100 =		35	31 × 100 =	
14	4 × 99 =		36	31 × 99 =	
15	7 × 100 =		37	71 × 100 =	
16	7 × 99 =		38	71 × 99 =	
17	9 × 100 =		39	42 × 100 =	
18	9 × 99 =		40	42 × 99 =	
19	8 × 100 =		41	53 × 99 =	
20	8 × 99 =		42	64 × 99 =	
21	5 × 100 =		43	75 × 99 =	
22	50 × 100 =		44	97 × 99 =	

心算乘法

第5课：　　将面积模型和分配律连接至标准算法的部分乘积，需重命名。

A

单位的故事

答对数目：_____

乘以10和100的倍数

1.	2 × 10 =		23.	33 × 20 =	
2.	12 × 10 =		24.	33 × 200 =	
3.	12 × 100 =		25.	24 × 10 =	
4.	4 × 10 =		26.	24 × 20 =	
5.	34 × 10 =		27.	24 × 100 =	
6.	34 × 100 =		28.	24 × 200 =	
7.	7 × 10 =		29.	23 × 30 =	
8.	27 × 10 =		30.	23 × 300 =	
9.	27 × 100 =		31.	71 × 2 =	
10.	3 × 10 =		32.	71 × 20 =	
11.	3 × 2 =		33.	14 × 2 =	
12.	3 × 20 =		34.	14 × 3 =	
13.	13 × 10 =		35.	14 × 30 =	
14.	13 × 2 =		36.	14 × 300 =	
15.	13 × 20 =		37.	82 × 20 =	
16.	13 × 100 =		38.	15 × 300 =	
17.	13 × 200 =		39.	71 × 600 =	
18.	2 × 4 =		40.	18 × 40 =	
19.	22 × 4 =		41.	75 × 30 =	
20.	22 × 40 =		42.	84 × 300 =	
21.	22 × 400 =		43.	87 × 60 =	
22.	33 × 2 =		44.	79 × 800 =	

第7课： 将面积模型和分配律连接至标准算法的部分乘积，需重命名。

B

单位的故事　　　　　　　　　　　　　　　　　　　　　　　　第 7 课冲刺　5•2

答对数目：_____

乘以10和100的倍数　　　　　　　　　　　　　　　　　　　　进步：_____

#	算式		#	算式	
1.	3 × 10 =		23.	44 × 20 =	
2.	13 × 10 =		24.	44 × 200 =	
3.	13 × 100 =		25.	42 × 10 =	
4.	5 × 10 =		26.	42 × 20 =	
5.	35 × 10 =		27.	42 × 100 =	
6.	35 × 100 =		28.	42 × 200 =	
7.	8 × 10 =		29.	32 × 30 =	
8.	28 × 10 =		30.	32 × 300 =	
9.	28 × 100 =		31.	81 × 2 =	
10.	4 × 10 =		32.	81 × 20 =	
11.	4 × 2 =		33.	13 × 3 =	
12.	4 × 20 =		34.	13 × 4 =	
13.	14 × 10 =		35.	13 × 40 =	
14.	14 × 2 =		36.	13 × 400 =	
15.	14 × 20 =		37.	72 × 30 =	
16.	14 × 100 =		38.	15 × 300 =	
17.	14 × 200 =		39.	81 × 600 =	
18.	2 × 3 =		40.	16 × 40 =	
19.	22 × 3 =		41.	65 × 30 =	
20.	22 × 30 =		42.	48 × 300 =	
21.	22 × 300 =		43.	89 × 60 =	
22.	44 × 2 =		44.	76 × 800 =	

第7课：　将面积模型和分配律连接至标准算法的部分乘积，需重命名。

A

单位的故事　　　　　　　　　　　　　　　　　　　　第 11 课冲刺　　5•2

答对数目：_____

小数相乘

1.	3 × 3 =		23.	8 × 5 =	
2.	0.3 × 3 =		24.	0.8 × 5 =	
3.	0.03 × 3 =		25.	0.08 × 5 =	
4.	3 × 2 =		26.	0.06 × 5 =	
5.	0.3 × 2 =		27.	0.06 × 3 =	
6.	0.03 × 2 =		28.	0.6 × 5 =	
7.	2 × 2 =		29.	0.06 × 2 =	
8.	0.2 × 2 =		30.	0.06 × 7 =	
9.	0.02 × 2 =		31.	0.9 × 6 =	
10.	5 × 3 =		32.	0.06 × 9 =	
11.	0.5 × 3 =		33.	0.09 × 9 =	
12.	0.05 × 3 =		34.	0.8 × 8 =	
13.	0.04 × 3 =		35.	0.07 × 7 =	
14.	0.4 × 3 =		36.	0.6 × 6 =	
15.	4 × 3 =		37.	0.05 × 5 =	
16.	5 × 5 =		38.	0.6 × 8 =	
17.	0.5 × 5 =		39.	0.07 × 9 =	
18.	0.05 × 5 =		40.	0.8 × 3 =	
19.	7 × 4 =		41.	0.09 × 6 =	
20.	0.7 × 4 =		42.	0.5 × 7 =	
21.	0.07 × 4 =		43.	0.12 × 4 =	
22.	0.9 × 4 =		44.	0.12 × 9 =	

第11课：　通过转换成整数习题并推理出小数点的位置，将多位数整数乘以小数。

B

答对数目: _____

小数相乘　　　　　　　　　　　　　　　　　　　　　　　　进步: _____

#	Problem		#	Problem	
1.	2 × 2 =		23.	6 × 5 =	
2.	0.2 × 2 =		24.	0.6 × 5 =	
3.	0.02 × 2 =		25.	0.06 × 5 =	
4.	4 × 2 =		26.	0.08 × 5 =	
5.	0.4 × 2 =		27.	0.08 × 3 =	
6.	0.04 × 2 =		28.	0.8 × 5 =	
7.	3 × 3 =		29.	0.08 × 2 =	
8.	0.3 × 3 =		30.	0.08 × 7 =	
9.	0.03 × 3 =		31.	0.9 × 8 =	
10.	4 × 3 =		32.	0.08 × 9 =	
11.	0.4 × 3 =		33.	0.9 × 9 =	
12.	0.04 × 3 =		34.	0.08 × 8 =	
13.	0.05 × 3 =		35.	0.7 × 7 =	
14.	0.5 × 3 =		36.	0.06 × 6 =	
15.	5 × 3 =		37.	0.5 × 5 =	
16.	4 × 4 =		38.	0.06 × 8 =	
17.	0.4 × 4 =		39.	0.7 × 9 =	
18.	0.04 × 4 =		40.	0.08 × 3 =	
19.	8 × 4 =		41.	0.9 × 6 =	
20.	0.8 × 4 =		42.	0.05 × 7 =	
21.	0.08 × 4 =		43.	0.12 × 6 =	
22.	0.6 × 4 =		44.	0.12 × 8 =	

第11课: 通过转换成整数习题并推理出小数点的位置, 将多位数整数乘以小数。

A

答对数目：_____

将英寸转换为英尺和英寸

1.	12英寸 =	英尺	英寸	23.	17英寸 =	英尺	英寸
2.	13英寸 =	英尺	英寸	24.	24英寸 =	英尺	英寸
3.	14英寸 =	英尺	英寸	25.	28英寸 =	英尺	英寸
4.	15英寸 =	英尺	英寸	26.	36英寸 =	英尺	英寸
5.	22英寸 =	英尺	英寸	27.	45英寸 =	英尺	英寸
6.	20英寸 =	英尺	英寸	28.	48英寸 =	英尺	英寸
7.	24英寸 =	英尺	英寸	29.	59英寸 =	英尺	英寸
8.	25英寸 =	英尺	英寸	30.	60英寸 =	英尺	英寸
9.	26英寸 =	英尺	英寸	31.	64英寸 =	英尺	英寸
10.	30英寸 =	英尺	英寸	32.	68英寸 =	英尺	英寸
11.	34英寸 =	英尺	英寸	33.	71英寸 =	英尺	英寸
12.	35英寸 =	英尺	英寸	34.	73英寸 =	英尺	英寸
13.	36英寸 =	英尺	英寸	35.	72英寸 =	英尺	英寸
14.	37英寸 =	英尺	英寸	36.	80英寸 =	英尺	英寸
15.	46英寸 =	英尺	英寸	37.	84英寸 =	英尺	英寸
16.	40英寸 =	英尺	英寸	38.	90英寸 =	英尺	英寸
17.	48英寸 =	英尺	英寸	39.	96英寸 =	英尺	英寸
18.	58英寸 =	英尺	英寸	40.	100英寸 =	英尺	英寸
19.	49英寸 =	英尺	英寸	41.	108英寸 =	英尺	英寸
20.	47英寸 =	英尺	英寸	42.	117英寸 =	英尺	英寸
21.	50英寸 =	英尺	英寸	43.	104英寸 =	英尺	英寸
22.	12英寸 =	英尺	英寸	44.	93英寸 =	英尺	英寸

第15课： 解决测量值转换的两步文字题。

B

将英寸转换为英尺和英寸

答对数目：_____

进步：_____

1.	120英寸 =	英尺	英寸	23.	16英寸 =	英尺	英寸
2.	12英寸 =	英尺	英寸	24.	24英寸 =	英尺	英寸
3.	13英寸 =	英尺	英寸	25.	29英寸 =	英尺	英寸
4.	14英寸 =	英尺	英寸	26.	36英寸 =	英尺	英寸
5.	20英寸 =	英尺	英寸	27.	42英寸 =	英尺	英寸
6.	22英寸 =	英尺	英寸	28.	48英寸 =	英尺	英寸
7.	24英寸 =	英尺	英寸	29.	59英寸 =	英尺	英寸
8.	25英寸 =	英尺	英寸	30.	60英寸 =	英尺	英寸
9.	26英寸 =	英尺	英寸	31.	63英寸 =	英尺	英寸
10.	34英寸 =	英尺	英寸	32.	67英寸 =	英尺	英寸
11.	30英寸 =	英尺	英寸	33.	70英寸 =	英尺	英寸
12.	35英寸 =	英尺	英寸	34.	73英寸 =	英尺	英寸
13.	36英寸 =	英尺	英寸	35.	72英寸 =	英尺	英寸
14.	46英寸 =	英尺	英寸	36.	77英寸 =	英尺	英寸
15.	37英寸 =	英尺	英寸	37.	84英寸 =	英尺	英寸
16.	40英寸 =	英尺	英寸	38.	89英寸 =	英尺	英寸
17.	48英寸 =	英尺	英寸	39.	96英寸 =	英尺	英寸
18.	49英寸 =	英尺	英寸	40.	99英寸 =	英尺	英寸
19.	58英寸 =	英尺	英寸	41.	108英寸 =	英尺	英寸
20.	47英寸 =	英尺	英寸	42.	115英寸 =	英尺	英寸
21.	50英寸 =	英尺	英寸	43.	103英寸 =	英尺	英寸
22.	12英寸 =	英尺	英寸	44.	95英寸 =	英尺	英寸

第15课： 解决测量值转换的两步文字题。

A

单位的故事

答对数目：_____

除以10和100的倍数

1.	30 ÷ 10 =		23.	480 ÷ 4 =	
2.	430 ÷ 10 =		24.	480 ÷ 40 =	
3.	4,300 ÷ 10 =		25.	6,300 ÷ 3 =	
4.	4,300 ÷ 100 =		26.	6,300 ÷ 30 =	
5.	43,000 ÷ 100 =		27.	6,300 ÷ 300 =	
6.	50 ÷ 10 =		28.	8,400 ÷ 2 =	
7.	850 ÷ 10 =		29.	8,400 ÷ 20 =	
8.	8,500 ÷ 10 =		30.	8,400 ÷ 200 =	
9.	8,500 ÷ 100 =		31.	96,000 ÷ 3 =	
10.	85,000 ÷ 100 =		32.	96,000 ÷ 300 =	
11.	600 ÷ 10 =		33.	96,000 ÷ 30 =	
12.	60 ÷ 3 =		34.	900 ÷ 30 =	
13.	600 ÷ 30 =		35.	1,200 ÷ 30 =	
14.	4,000 ÷ 100 =		36.	1,290 ÷ 30 =	
15.	40 ÷ 2 =		37.	1,800 ÷ 300 =	
16.	4,000 ÷ 200 =		38.	8,000 ÷ 200 =	
17.	240 ÷ 10 =		39.	12,000 ÷ 200 =	
18.	24 ÷ 2 =		40.	12,800 ÷ 200 =	
19.	240 ÷ 20 =		41.	2,240 ÷ 70 =	
20.	3,600 ÷ 100 =		42.	18400 ÷ 800 =	
21.	36 ÷ 3 =		43.	21,600 ÷ 90 =	
22.	3,600 ÷ 300 =		44.	25,200 ÷ 600 =	

第16课： 采用除以10的模式做多位数整数除法。

B

除以10和100的倍数

答对数目: _____

进步: _____

1.	20 ÷ 10 =			23.	840 ÷ 4 =	
2.	420 ÷ 10 =			24.	840 ÷ 40 =	
3.	4,200 ÷ 10 =			25.	3,600 ÷ 3 =	
4.	4,200 ÷ 100 =			26.	3,600 ÷ 30 =	
5.	42,000 ÷ 100 =			27.	3,600 ÷ 300 =	
6.	40 ÷ 10 =			28.	4,800 ÷ 2 =	
7.	840 ÷ 10 =			29.	4,800 ÷ 20 =	
8.	8,400 ÷ 10 =			30.	4,800 ÷ 200 =	
9.	8,400 ÷ 100 =			31.	69,000 ÷ 3 =	
10.	84,000 ÷ 100 =			32.	69,000 ÷ 300 =	
11.	900 ÷ 10 =			33.	69,000 ÷ 30 =	
12.	90 ÷ 3 =			34.	800 ÷ 40 =	
13.	900 ÷ 30 =			35.	1,200 ÷ 40 =	
14.	6,000 ÷ 100 =			36.	1,280 ÷ 40 =	
15.	60 ÷ 2 =			37.	1,600 ÷ 400 =	
16.	6,000 ÷ 200 =			38.	8,000 ÷ 200 =	
17.	240 ÷ 10 =			39.	14,000 ÷ 200 =	
18.	24 ÷ 2 =			40.	14,600 ÷ 200 =	
19.	240 ÷ 20 =			41.	2,560 ÷ 80 =	
20.	6,300 ÷ 100 =			42.	16,100 ÷ 700 =	
21.	63 ÷ 3 =			43.	14,400 ÷ 60 =	
22.	6,300 ÷ 300 =			44.	37,800 ÷ 900 =	

第16课: 采用除以10的模式做多位数整数除法。

单位的故事   第28课冲刺

A

答对数目: _____

小数除以10的倍数

1.	6 ÷ 10 =		23.	25 ÷ 50 =	
2.	6 ÷ 20 =		24.	2.5 ÷ 50 =	
3.	6 ÷ 60 =		25.	4.5 ÷ 50 =	
4.	8 ÷ 10 =		26.	4.5 ÷ 90 =	
5.	8 ÷ 40 =		27.	0.45 ÷ 90 =	
6.	8 ÷ 20 =		28.	0.45 ÷ 50 =	
7.	4 ÷ 10 =		29.	0.24 ÷ 60 =	
8.	4 ÷ 20 =		30.	0.63 ÷ 90 =	
9.	4 ÷ 40 =		31.	0.48 ÷ 80 =	
10.	9 ÷ 3 =		32.	0.49 ÷ 70 =	
11.	9 ÷ 30 =		33.	6 ÷ 30 =	
12.	12 ÷ 3 =		34.	14 ÷ 70 =	
13.	12 ÷ 30 =		35.	72 ÷ 90 =	
14.	12 ÷ 40 =		36.	6.4 ÷ 80 =	
15.	12 ÷ 60 =		37.	0.48 ÷ 40 =	
16.	12 ÷ 20 =		38.	0.36 ÷ 30 =	
17.	15 ÷ 3 =		39.	0.55 ÷ 50 =	
18.	15 ÷ 30 =		40.	1.36 ÷ 40 =	
19.	15 ÷ 50 =		41.	2.04 ÷ 60 =	
20.	18 ÷ 30 =		42.	4.48 ÷ 70 =	
21.	24 ÷ 30 =		43.	6.16 ÷ 80 =	
22.	16 ÷ 40 =		44.	5.22 ÷ 90 =	

第28课: 解决组的大小未知且组数未知的多位数除法的除法文字题。

B

单位的故事　　　　　　　　　　　　　　　　　　　　　　　　　　　　　　第28课冲刺　5·2

答对数目：_____

小数除以10的倍数　　　　　　　　　　　　　　　　　　　进步：_____

1.	4 ÷ 10 =		23.	25 ÷ 50 =	
2.	4 ÷ 20 =		24.	2.5 ÷ 50 =	
3.	4 ÷ 40 =		25.	3.5 ÷ 50 =	
4.	8 ÷ 10 =		26.	3.5 ÷ 70 =	
5.	8 ÷ 20 =		27.	0.35 ÷ 70 =	
6.	8 ÷ 40 =		28.	0.35 ÷ 50 =	
7.	9 ÷ 10 =		29.	0.42 ÷ 60 =	
8.	9 ÷ 30 =		30.	0.54 ÷ 90 =	
9.	9 ÷ 90 =		31.	0.56 ÷ 80 =	
10.	6 ÷ 2 =		32.	0.63 ÷ 70 =	
11.	6 ÷ 20 =		33.	6 ÷ 30 =	
12.	12 ÷ 2 =		34.	18 ÷ 90 =	
13.	12 ÷ 20 =		35.	72 ÷ 80 =	
14.	12 ÷ 30 =		36.	4.8 ÷ 80 =	
15.	12 ÷ 40 =		37.	0.36 ÷ 30 =	
16.	12 ÷ 60 =		38.	0.48 ÷ 40 =	
17.	15 ÷ 5 =		39.	0.65 ÷ 50 =	
18.	15 ÷ 50 =		40.	1.38 ÷ 30 =	
19.	15 ÷ 30 =		41.	2.64 ÷ 60 =	
20.	21 ÷ 30 =		42.	5.18 ÷ 70 =	
21.	27 ÷ 30 =		43.	6.96 ÷ 80 =	
22.	36 ÷ 60 =		44.	6.12 ÷ 90 =	

第28课：　　解决组的大小未知且组数未知的多位数除法的除法文字题。

5年级

模块 3

A

单位的故事　　　　　　　　　　　　　　　　　　　　　第1课冲刺练习

数字正确：_____

写出缺失因子

1.	10 = 5 × ___		23.	28 = 7 × ___	
2.	10 = 2 × ___		24.	28 = 2 × 2 × ___	
3.	8 = 4 × ___		25.	28 = 2 × ___ × 2	
4.	9 = 3 × ___		26.	28 = ___ × 2 × 2	
5.	6 = 2 × ___		27.	36 = 3 × 3 × ___	
6.	6 = 3 × ___		28.	9 × 4 = 3 × 3 × ___	
7.	12 = 6 × ___		29.	9 × 4 = 6 × ___	
8.	12 = 3 × ___		30.	9 × 4 = 3 × 2 × ___	
9.	12 = 4 × ___		31.	8 × 6 = 4 × ___ × 2	
10.	12 = 2 × 2 × ___		32.	9 × 9 = 3 × ___ × 3	
11.	12 = 3 × 2 × ___		33.	8 × 8 = ___ × 8	
12.	20 = 5 × 2 × ___		34.	7 × 7 = ___ × 7	
13.	20 = 5 × 2 × ___		35.	8 × 3 = ___ × 6	
14.	16 = 8 × ___		36.	16 × 2 = ___ × 4	
15.	16 = 4 × 2 × ___		37.	2 × 18 = ___ × 9	
16.	24 = 8 × ___		38.	28 × 2 = ___ × 8	
17.	24 = 4 × 2 × ___		39.	24 × 3 = ___ × 9	
18.	24 = 4 × ___ × 2		40.	6 × 8 = ___ × 12	
19.	24 = 3 × 2 × ___		41.	27 × 3 = ___ × 9	
20.	24 = 3 × ___ × 2		42.	12 × 6 = ___ × 8	
21.	6 × 4 = 8 × ___		43.	54 × 2 = ___ × 12	
22.	6 × 4 = 4 × 2 × ___		44.	9 × 13 = ___ × 39	

第1课：　　用数轴、面积模型和数字组成等值分数。

单位的故事　　　　　　　　　　　　　　　　　　　　　　　　第1课冲刺练习　5•3

B

数字正确：_____

写出缺失因子

提高：_____

1.	6 = 2 × ___	
2.	6 = 3 × ___	
3.	9 = 3 × ___	
4.	8 = 4 × ___	
5.	10 = 5 × ___	
6.	10 = 2 × ___	
7.	20 = 10 × ___	
8.	20 = 5 × 2 × ___	
9.	12 = 6 × ___	
10.	12 = 3 × ___	
11.	12 = 4 × ___	
12.	12 = 2 × 2 × ___	
13.	12 = 3 × 2 × ___	
14.	24 = 8 × ___	
15.	24 = 4 × 2 × ___	
16.	24 = 4 × ___ × 2	
17.	24 = 3 × 2 × ___	
18.	24 = 3 × ___ × 2	
19.	16 = 8 × ___	
20.	16 = 4 × 2 × ___	
21.	8 × 2 = 4 × ___	
22.	8 × 2 = 2 × 2 × ___	

23.	28 = 4 × ___	
24.	28 = 2 × 2 × ___	
25.	28 = 2 × ___ × 2	
26.	28 = ___ × 2 × 2	
27.	36 = 2 × 2 × ___	
28.	9 × 4 = 2 × 2 × ___	
29.	9 × 4 = 6 × ___	
30.	9 × 4 = 2 × 3 × ___	
31.	8 × 6 = 4 × ___ × 2	
32.	8 × 8 = 4 × ___ × 2	
33.	9 × 9 = ___ × 9	
34.	6 × 6 = ___ × 6	
35.	6 × 4 = ___ × 8	
36.	16 × 2 = ___ × 8	
37.	2 × 18 = ___ × 4	
38.	28 × 2 = ___ × 7	
39.	24 × 3 = ___ × 8	
40.	8 × 6 = ___ × 4	
41.	12 × 6 = ___ × 9	
42.	27 × 3 = ___ × 9	
43.	54 × 2 = ___ × 9	
44.	8 × 13 = ___ × 26	

第1课：　　用数轴、面积模型和数字组成等值分数。

A

正确的数字：_____

求出缺失分子或分母

1.	$\frac{1}{2} = \frac{}{4}$	
2.	$\frac{1}{5} = \frac{2}{}$	
3.	$\frac{2}{5} = \frac{}{10}$	
4.	$\frac{3}{5} = \frac{}{10}$	
5.	$\frac{4}{5} = \frac{}{10}$	
6.	$\frac{1}{3} = \frac{2}{}$	
7.	$\frac{2}{3} = \frac{}{6}$	
8.	$\frac{1}{3} = \frac{3}{}$	
9.	$\frac{2}{3} = \frac{}{9}$	
10.	$\frac{1}{4} = \frac{}{8}$	
11.	$\frac{3}{4} = \frac{}{8}$	
12.	$\frac{1}{4} = \frac{3}{}$	
13.	$\frac{3}{4} = \frac{9}{}$	
14.	$\frac{2}{4} = \frac{}{2}$	
15.	$\frac{2}{6} = \frac{1}{}$	
16.	$\frac{2}{10} = \frac{1}{}$	
17.	$\frac{4}{10} = \frac{}{5}$	
18.	$\frac{8}{10} = \frac{}{5}$	
19.	$\frac{3}{9} = \frac{}{3}$	
20.	$\frac{6}{9} = \frac{}{3}$	
21.	$\frac{3}{12} = \frac{1}{}$	
22.	$\frac{9}{12} = \frac{}{4}$	

23.	$\frac{1}{3} = \frac{}{12}$	
24.	$\frac{2}{3} = \frac{}{12}$	
25.	$\frac{8}{12} = \frac{}{3}$	
26.	$\frac{12}{16} = \frac{3}{}$	
27.	$\frac{3}{5} = \frac{}{25}$	
28.	$\frac{4}{5} = \frac{28}{}$	
29.	$\frac{18}{24} = \frac{3}{}$	
30.	$\frac{24}{30} = \frac{}{5}$	
31.	$\frac{5}{6} = \frac{35}{}$	
32.	$\frac{56}{63} = \frac{}{9}$	
33.	$\frac{64}{72} = \frac{8}{}$	
34.	$\frac{5}{8} = \frac{}{64}$	
35.	$\frac{5}{6} = \frac{45}{}$	
36.	$\frac{45}{81} = \frac{}{9}$	
37.	$\frac{6}{7} = \frac{48}{}$	
38.	$\frac{36}{81} = \frac{}{9}$	
39.	$\frac{8}{56} = \frac{1}{}$	
40.	$\frac{35}{63} = \frac{5}{}$	
41.	$\frac{1}{6} = \frac{12}{}$	
42.	$\frac{3}{7} = \frac{36}{}$	
43.	$\frac{48}{60} = \frac{4}{}$	
44.	$\frac{72}{84} = \frac{}{7}$	

B

数字正确: _____

求出缺失分子或分母

提高: _____

1.	$\frac{1}{5} = \frac{2}{}$			23.	$\frac{1}{3} = \frac{4}{}$	
2.	$\frac{2}{5} = \frac{}{10}$			24.	$\frac{2}{3} = \frac{8}{}$	
3.	$\frac{3}{5} = \frac{}{10}$			25.	$\frac{8}{12} = \frac{2}{}$	
4.	$\frac{4}{5} = \frac{}{10}$			26.	$\frac{12}{16} = \frac{}{4}$	
5.	$\frac{1}{3} = \frac{2}{}$			27.	$\frac{3}{5} = \frac{15}{}$	
6.	$\frac{1}{3} = \frac{}{6}$			28.	$\frac{4}{5} = \frac{}{35}$	
7.	$\frac{2}{3} = \frac{4}{}$			29.	$\frac{18}{24} = \frac{}{4}$	
8.	$\frac{1}{3} = \frac{}{9}$			30.	$\frac{24}{30} = \frac{4}{}$	
9.	$\frac{2}{3} = \frac{6}{}$			31.	$\frac{5}{6} = \frac{}{42}$	
10.	$\frac{1}{4} = \frac{2}{}$			32.	$\frac{56}{63} = \frac{8}{}$	
11.	$\frac{3}{4} = \frac{6}{}$			33.	$\frac{64}{72} = \frac{}{9}$	
12.	$\frac{1}{4} = \frac{}{12}$			34.	$\frac{5}{8} = \frac{40}{}$	
13.	$\frac{3}{4} = \frac{}{12}$			35.	$\frac{5}{6} = \frac{}{54}$	
14.	$\frac{2}{4} = \frac{1}{}$			36.	$\frac{45}{81} = \frac{5}{}$	
15.	$\frac{2}{6} = \frac{}{3}$			37.	$\frac{6}{7} = \frac{}{56}$	
16.	$\frac{2}{10} = \frac{}{5}$			38.	$\frac{36}{81} = \frac{4}{}$	
17.	$\frac{4}{10} = \frac{2}{}$			39.	$\frac{8}{56} = \frac{}{7}$	
18.	$\frac{8}{10} = \frac{4}{}$			40.	$\frac{35}{63} = \frac{}{9}$	
19.	$\frac{3}{9} = \frac{1}{}$			41.	$\frac{1}{6} = \frac{}{72}$	
20.	$\frac{6}{9} = \frac{2}{}$			42.	$\frac{3}{7} = \frac{}{84}$	
21.	$\frac{1}{4} = \frac{}{12}$			43.	$\frac{48}{60} = \frac{}{5}$	
22.	$\frac{9}{12} = \frac{3}{}$			44.	$\frac{72}{84} = \frac{6}{}$	

A

单位的故事   第3课冲刺   5•3

数字正确：_____

求出缺失分子或分母

1.	$\frac{1}{2} = \frac{}{4}$	
2.	$\frac{1}{5} = \frac{2}{}$	
3.	$\frac{2}{5} = \frac{}{10}$	
4.	$\frac{3}{5} = \frac{}{10}$	
5.	$\frac{4}{5} = \frac{}{10}$	
6.	$\frac{1}{3} = \frac{2}{}$	
7.	$\frac{2}{3} = \frac{}{6}$	
8.	$\frac{1}{3} = \frac{3}{}$	
9.	$\frac{2}{3} = \frac{}{9}$	
10.	$\frac{1}{4} = \frac{}{8}$	
11.	$\frac{3}{4} = \frac{}{8}$	
12.	$\frac{1}{4} = \frac{3}{}$	
13.	$\frac{3}{4} = \frac{9}{}$	
14.	$\frac{2}{4} = \frac{}{2}$	
15.	$\frac{2}{6} = \frac{1}{}$	
16.	$\frac{2}{10} = \frac{1}{}$	
17.	$\frac{4}{10} = \frac{}{5}$	
18.	$\frac{8}{10} = \frac{}{5}$	
19.	$\frac{3}{9} = \frac{}{3}$	
20.	$\frac{6}{9} = \frac{}{3}$	
21.	$\frac{3}{12} = \frac{1}{}$	
22.	$\frac{9}{12} = \frac{}{4}$	

23.	$\frac{1}{3} = \frac{}{12}$	
24.	$\frac{2}{3} = \frac{}{12}$	
25.	$\frac{8}{12} = \frac{}{3}$	
26.	$\frac{12}{16} = \frac{3}{}$	
27.	$\frac{3}{5} = \frac{}{25}$	
28.	$\frac{4}{5} = \frac{28}{}$	
29.	$\frac{18}{24} = \frac{3}{}$	
30.	$\frac{24}{30} = \frac{}{5}$	
31.	$\frac{5}{6} = \frac{35}{}$	
32.	$\frac{56}{63} = \frac{}{9}$	
33.	$\frac{64}{72} = \frac{8}{}$	
34.	$\frac{5}{8} = \frac{}{64}$	
35.	$\frac{5}{6} = \frac{45}{}$	
36.	$\frac{45}{81} = \frac{}{9}$	
37.	$\frac{6}{7} = \frac{48}{}$	
38.	$\frac{36}{81} = \frac{}{9}$	
39.	$\frac{8}{56} = \frac{1}{}$	
40.	$\frac{35}{63} = \frac{5}{}$	
41.	$\frac{1}{6} = \frac{12}{}$	
42.	$\frac{3}{7} = \frac{36}{}$	
43.	$\frac{48}{60} = \frac{4}{}$	
44.	$\frac{72}{84} = \frac{}{7}$	

第3课： 采用创建等值分数的策略，相加不同单位的分数。

B

单位的故事 第3课冲刺

数字正确：_____

提高：_____

求出缺失分子或分母

1.	$\frac{1}{5} = \frac{2}{}$		23.	$\frac{1}{3} = \frac{4}{}$	
2.	$\frac{2}{5} = \frac{}{10}$		24.	$\frac{2}{3} = \frac{8}{}$	
3.	$\frac{3}{5} = \frac{}{10}$		25.	$\frac{8}{12} = \frac{2}{}$	
4.	$\frac{4}{5} = \frac{}{10}$		26.	$\frac{12}{16} = \frac{}{4}$	
5.	$\frac{1}{3} = \frac{2}{}$		27.	$\frac{3}{5} = \frac{15}{}$	
6.	$\frac{1}{3} = \frac{}{6}$		28.	$\frac{4}{5} = \frac{}{35}$	
7.	$\frac{2}{3} = \frac{4}{}$		29.	$\frac{18}{24} = \frac{}{4}$	
8.	$\frac{1}{3} = \frac{}{9}$		30.	$\frac{24}{30} = \frac{4}{}$	
9.	$\frac{2}{3} = \frac{6}{}$		31.	$\frac{5}{6} = \frac{}{42}$	
10.	$\frac{1}{4} = \frac{2}{}$		32.	$\frac{56}{63} = \frac{8}{}$	
11.	$\frac{3}{4} = \frac{6}{}$		33.	$\frac{64}{72} = \frac{}{9}$	
12.	$\frac{1}{4} = \frac{}{12}$		34.	$\frac{5}{8} = \frac{40}{}$	
13.	$\frac{3}{4} = \frac{}{12}$		35.	$\frac{5}{6} = \frac{}{54}$	
14.	$\frac{2}{4} = \frac{1}{}$		36.	$\frac{45}{81} = \frac{5}{}$	
15.	$\frac{2}{6} = \frac{}{3}$		37.	$\frac{6}{7} = \frac{}{56}$	
16.	$\frac{2}{10} = \frac{}{5}$		38.	$\frac{36}{81} = \frac{4}{}$	
17.	$\frac{4}{10} = \frac{2}{}$		39.	$\frac{8}{56} = \frac{}{7}$	
18.	$\frac{8}{10} = \frac{4}{}$		40.	$\frac{35}{63} = \frac{}{9}$	
19.	$\frac{3}{9} = \frac{1}{}$		41.	$\frac{1}{6} = \frac{}{72}$	
20.	$\frac{6}{9} = \frac{2}{}$		42.	$\frac{3}{7} = \frac{}{84}$	
21.	$\frac{1}{4} = \frac{}{12}$		43.	$\frac{48}{60} = \frac{}{5}$	
22.	$\frac{9}{12} = \frac{3}{}$		44.	$\frac{72}{84} = \frac{6}{}$	

第3课： 采用创建等值分数的策略，相加不同单位的分数。

A

单位的故事　　　　　　　　　　　　　　　　　　　　　　第5课冲刺练习

数字正确：_____

从整数中减去分数

1.	$4 - \frac{1}{2} =$		23.	$3 - \frac{1}{8} =$	
2.	$3 - \frac{1}{2} =$		24.	$3 - \frac{3}{8} =$	
3.	$2 - \frac{1}{2} =$		25.	$3 - \frac{5}{8} =$	
4.	$1 - \frac{1}{2} =$		26.	$3 - \frac{7}{8} =$	
5.	$1 - \frac{1}{3} =$		27.	$2 - \frac{7}{8} =$	
6.	$2 - \frac{1}{3} =$		28.	$4 - \frac{1}{7} =$	
7.	$4 - \frac{1}{3} =$		29.	$3 - \frac{6}{7} =$	
8.	$4 - \frac{2}{3} =$		30.	$2 - \frac{3}{7} =$	
9.	$2 - \frac{2}{3} =$		31.	$4 - \frac{4}{7} =$	
10.	$2 - \frac{1}{4} =$		32.	$3 - \frac{5}{7} =$	
11.	$2 - \frac{3}{4} =$		33.	$4 - \frac{3}{4} =$	
12.	$3 - \frac{3}{4} =$		34.	$2 - \frac{5}{8} =$	
13.	$3 - \frac{1}{4} =$		35.	$3 - \frac{3}{10} =$	
14.	$4 - \frac{3}{4} =$		36.	$4 - \frac{2}{5} =$	
15.	$2 - \frac{1}{10} =$		37.	$4 - \frac{3}{7} =$	
16.	$3 - \frac{9}{10} =$		38.	$3 - \frac{7}{10} =$	
17.	$2 - \frac{7}{10} =$		39.	$3 - \frac{5}{10} =$	
18.	$4 - \frac{3}{10} =$		40.	$4 - \frac{2}{8} =$	
19.	$3 - \frac{1}{5} =$		41.	$2 - \frac{9}{12} =$	
20.	$3 - \frac{2}{5} =$		42.	$4 - \frac{2}{12} =$	
21.	$3 - \frac{4}{5} =$		43.	$3 - \frac{2}{6} =$	
22.	$3 - \frac{3}{5} =$		44.	$2 - \frac{8}{12} =$	

第5课：　　采用创建等值分数的策略减去不同单位的分数。

B

从整数中减去分数

数字正确: _____

提高: _____

1.	$1 - \frac{1}{2} =$		23.	$2 - \frac{1}{8} =$	
2.	$2 - \frac{1}{2} =$		24.	$2 - \frac{3}{8} =$	
3.	$3 - \frac{1}{2} =$		25.	$2 - \frac{5}{8} =$	
4.	$4 - \frac{1}{2} =$		26.	$2 - \frac{7}{8} =$	
5.	$1 - \frac{1}{4} =$		27.	$4 - \frac{7}{8} =$	
6.	$2 - \frac{1}{4} =$		28.	$3 - \frac{1}{7} =$	
7.	$4 - \frac{1}{4} =$		29.	$2 - \frac{6}{7} =$	
8.	$4 - \frac{3}{4} =$		30.	$4 - \frac{3}{7} =$	
9.	$2 - \frac{3}{4} =$		31.	$3 - \frac{4}{7} =$	
10.	$2 - \frac{1}{3} =$		32.	$2 - \frac{5}{7} =$	
11.	$2 - \frac{2}{3} =$		33.	$3 - \frac{3}{4} =$	
12.	$3 - \frac{2}{3} =$		34.	$4 - \frac{5}{8} =$	
13.	$3 - \frac{1}{3} =$		35.	$2 - \frac{3}{10} =$	
14.	$4 - \frac{2}{3} =$		36.	$3 - \frac{2}{5} =$	
15.	$3 - \frac{1}{10} =$		37.	$3 - \frac{3}{7} =$	
16.	$2 - \frac{9}{10} =$		38.	$2 - \frac{7}{10} =$	
17.	$4 - \frac{7}{10} =$		39.	$2 - \frac{5}{10} =$	
18.	$3 - \frac{3}{10} =$		40.	$3 - \frac{6}{8} =$	
19.	$2 - \frac{1}{5} =$		41.	$4 - \frac{3}{12} =$	
20.	$2 - \frac{2}{5} =$		42.	$3 - \frac{10}{12} =$	
21.	$2 - \frac{4}{5} =$		43.	$2 - \frac{4}{6} =$	
22.	$3 - \frac{3}{5} =$		44.	$4 - \frac{4}{12} =$	

第5课: 采用创建等值分数的策略减去不同单位的分数。

A

单位的故事　　　　　　　　　　　　　　　　　　第7课冲刺　5·3

正确的数字：_____

圈出等值分数

1.	$2/4 =$	$1/2$	$1/3$
2.	$2/6 =$	$1/2$	$1/3$
3.	$2/8 =$	$1/2$	$1/4$
4.	$5/10 =$	$1/2$	$1/4$
5.	$5/15 =$	$1/2$	$1/3$
6.	$5/20 =$	$1/2$	$1/4$
7.	$4/8 =$	$1/2$	$1/4$
8.	$4/12 =$	$1/2$	$1/3$
9.	$4/16 =$	$1/2$	$1/4$
10.	$3/6 =$	$1/2$	$1/3$
11.	$3/9 =$	$1/2$	$1/3$
12.	$3/12 =$	$1/2$	$1/4$
13.	$4/6 =$	$2/3$	$1/3$
14.	$6/12 =$	$2/3$	$1/2$
15.	$6/18 =$	$3/3$	$1/3$
16.	$6/30 =$	$1/5$	$1/3$
17.	$6/9 =$	$2/3$	$1/3$
18.	$7/14 =$	$1/2$	$1/3$
19.	$7/21 =$	$1/2$	$1/3$
20.	$7/42 =$	$1/6$	$1/7$
21.	$8/12 =$	$2/3$	$3/4$
22.	$9/18 =$	$1/2$	$1/3$

23.	$9/27 =$	$2/3$	$1/3$	$1/4$
24.	$9/63 =$	$1/6$	$1/7$	$1/8$
25.	$8/12 =$	$2/3$	$3/4$	$4/5$
26.	$8/16 =$	$1/2$	$1/3$	$1/4$
27.	$8/24 =$	$1/2$	$1/3$	$1/4$
28.	$8/64 =$	$1/7$	$1/8$	$1/9$
29.	$12/18 =$	$3/4$	$5/6$	$2/3$
30.	$12/16 =$	$3/4$	$5/6$	$2/3$
31.	$9/12 =$	$3/4$	$5/6$	$2/3$
32.	$6/8 =$	$3/4$	$5/6$	$2/3$
33.	$10/12 =$	$3/4$	$5/6$	$2/3$
34.	$15/18 =$	$3/4$	$5/6$	$2/3$
35.	$8/10 =$	$3/4$	$4/5$	$2/3$
36.	$16/20 =$	$3/4$	$4/5$	$2/3$
37.	$12/15 =$	$3/4$	$4/5$	$2/3$
38.	$18/27 =$	$3/4$	$4/5$	$2/3$
39.	$27/36 =$	$3/4$	$4/5$	$2/3$
40.	$32/40 =$	$3/4$	$4/5$	$2/3$
41.	$45/54 =$	$3/4$	$4/5$	$5/6$
42.	$24/36 =$	$3/4$	$4/5$	$2/3$
43.	$60/72 =$	$3/4$	$5/6$	$2/3$
44.	$48/60 =$	$3/4$	$4/5$	$5/6$

第7课：　　求解两步文字题。

B

单位的故事　　　　　　　　　　　　　　　　　　　　　　　第7课冲刺

正确的数字：_____

圈出等值分数　　　　　　　　　　　　　　　　　　　　　　　提高：_____

1.	$5/10 =$	$1/2$	$1/3$		23.	$8/24 =$	$2/3$	$1/3$	$1/4$
2.	$5/15 =$	$1/2$	$1/3$		24.	$8/56 =$	$1/6$	$1/7$	$1/8$
3.	$5/20 =$	$1/2$	$1/4$		25.	$8/12 =$	$2/3$	$3/4$	$4/5$
4.	$2/4 =$	$1/2$	$1/3$		26.	$9/18 =$	$1/2$	$1/3$	$1/4$
5.	$2/6 =$	$1/2$	$1/3$		27.	$9/27 =$	$1/2$	$1/3$	$1/4$
6.	$2/8 =$	$1/2$	$1/4$		28.	$9/72 =$	$1/7$	$1/8$	$1/9$
7.	$3/6 =$	$1/2$	$1/3$		29.	$12/18 =$	$3/4$	$5/6$	$2/3$
8.	$3/9 =$	$1/2$	$1/3$		30.	$6/8 =$	$3/4$	$5/6$	$2/3$
9.	$3/12 =$	$1/4$	$1/3$		31.	$9/12 =$	$3/4$	$5/6$	$2/3$
10.	$4/8 =$	$1/2$	$1/3$		32.	$12/16 =$	$3/4$	$5/6$	$2/3$
11.	$4/12 =$	$1/2$	$1/3$		33.	$8/10 =$	$3/4$	$4/5$	$2/3$
12.	$4/16 =$	$1/4$	$1/3$		34.	$16/20 =$	$3/4$	$4/5$	$2/3$
13.	$4/6 =$	$2/3$	$1/2$		35.	$12/15 =$	$3/4$	$4/5$	$2/3$
14.	$7/14 =$	$2/3$	$1/2$		36.	$10/12 =$	$3/4$	$4/5$	$5/6$
15.	$7/21 =$	$1/5$	$1/3$		37.	$15/18 =$	$3/4$	$5/6$	$2/3$
16.	$7/35 =$	$1/5$	$1/3$		38.	$16/24 =$	$3/4$	$4/5$	$2/3$
17.	$6/9 =$	$2/3$	$1/3$		39.	$24/32 =$	$3/4$	$4/5$	$2/3$
18.	$6/12 =$	$1/2$	$1/3$		40.	$36/45 =$	$3/4$	$4/5$	$2/3$
19.	$6/18 =$	$1/6$	$1/3$		41.	$40/48 =$	$3/4$	$4/5$	$5/6$
20.	$6/36 =$	$1/6$	$1/3$		42.	$24/36 =$	$3/4$	$4/5$	$2/3$
21.	$8/12 =$	$2/3$	$3/4$		43.	$48/60 =$	$3/4$	$5/6$	$4/5$
22.	$8/16 =$	$1/2$	$1/3$		44.	$60/72 =$	$3/4$	$5/6$	$2/3$

第7课：　　求解两步文字题。

A

数字正确：_____

相似单位分数加减法

1.	$\frac{1}{5}+\frac{1}{5}=$		23.	$\frac{1}{9}+\frac{1}{9}+\frac{1}{9}=$	
2.	$\frac{1}{10}+\frac{5}{10}=$		24.	$\frac{1}{9}+\frac{3}{9}+\frac{1}{9}=$	
3.	$\frac{1}{10}+\frac{7}{10}=$		25.	$\frac{4}{9}-\frac{1}{9}-\frac{3}{9}=$	
4.	$\frac{2}{5}+\frac{2}{5}=$		26.	$\frac{1}{4}+\frac{2}{4}+\frac{1}{4}=$	
5.	$\frac{5}{10}-\frac{4}{10}=$		27.	$\frac{1}{8}+\frac{3}{8}+\frac{2}{8}=$	
6.	$\frac{3}{5}-\frac{1}{5}=$		28.	$\frac{5}{12}+\frac{1}{12}+\frac{5}{12}=$	
7.	$\frac{3}{10}+\frac{3}{10}=$		29.	$\frac{2}{9}+\frac{3}{9}+\frac{2}{9}=$	
8.	$\frac{4}{5}-\frac{1}{5}=$		30.	$\frac{3}{10}-\frac{3}{10}+\frac{3}{10}=$	
9.	$\frac{1}{4}+\frac{1}{4}=$		31.	$\frac{3}{5}-\frac{1}{5}-\frac{1}{5}=$	
10.	$\frac{1}{4}+\frac{2}{4}=$		32.	$\frac{1}{6}+\frac{2}{6}=$	
11.	$\frac{3}{12}-\frac{2}{12}=$		33.	$\frac{3}{12}+\frac{4}{12}=$	
12.	$\frac{1}{4}+\frac{3}{4}=$		34.	$\frac{3}{12}+\frac{6}{12}=$	
13.	$\frac{1}{12}+\frac{1}{12}=$		35.	$\frac{4}{8}+\frac{2}{8}=$	
14.	$\frac{1}{3}+\frac{1}{3}=$		36.	$\frac{4}{12}+\frac{1}{12}=$	
15.	$\frac{3}{12}-\frac{2}{12}=$		37.	$\frac{1}{5}+\frac{3}{5}=$	
16.	$\frac{5}{12}+\frac{6}{12}=$		38.	$\frac{2}{5}+\frac{2}{5}=$	
17.	$\frac{7}{12}+\frac{4}{12}=$		39.	$\frac{1}{6}+\frac{2}{6}=$	
18.	$\frac{4}{6}-\frac{1}{6}=$		40.	$\frac{5}{12}-\frac{3}{12}=$	
19.	$\frac{1}{6}+\frac{2}{6}=$		41.	$\frac{7}{15}+\frac{2}{15}=$	
20.	$\frac{1}{6}+\frac{1}{6}+\frac{1}{6}=$		42.	$\frac{7}{15}-\frac{3}{15}=$	
21.	$\frac{1}{3}+\frac{1}{3}+\frac{1}{3}=$		43.	$\frac{11}{15}-\frac{2}{15}=$	
22.	$\frac{1}{12}+\frac{1}{12}+\frac{1}{12}=$		44.	$\frac{2}{15}+\frac{4}{15}=$	

B

相似单位分数加减法

数字正确: _____

提高: _____

1.	$\frac{1}{2} + \frac{1}{2} =$			23.	$\frac{1}{12} + \frac{6}{12} + \frac{2}{12} =$	
2.	$\frac{2}{8} + \frac{1}{8} =$			24.	$\frac{4}{12} + \frac{3}{12} + \frac{3}{12} =$	
3.	$\frac{2}{8} + \frac{3}{8} =$			25.	$\frac{8}{12} - \frac{4}{12} - \frac{4}{12} =$	
4.	$\frac{2}{12} - \frac{1}{12} =$			26.	$\frac{1}{10} + \frac{2}{10} + \frac{4}{10} =$	
5.	$\frac{5}{12} + \frac{2}{12} =$			27.	$\frac{1}{10} + \frac{1}{10} + \frac{6}{10} =$	
6.	$\frac{4}{8} + \frac{3}{8} =$			28.	$\frac{4}{6} + \frac{1}{6} + \frac{1}{6} =$	
7.	$\frac{4}{8} - \frac{3}{8} =$			29.	$\frac{2}{12} + \frac{3}{12} + \frac{4}{12} =$	
8.	$\frac{1}{8} + \frac{5}{8} =$			30.	$\frac{2}{10} + \frac{4}{10} + \frac{4}{10} =$	
9.	$\frac{3}{4} - \frac{1}{4} =$			31.	$\frac{3}{10} + \frac{1}{10} + \frac{2}{10} =$	
10.	$\frac{3}{6} - \frac{3}{6} =$			32.	$\frac{4}{6} - \frac{2}{6} =$	
11.	$\frac{3}{9} + \frac{3}{9} =$			33.	$\frac{3}{12} - \frac{2}{12} =$	
12.	$\frac{2}{3} + \frac{1}{3} =$			34.	$\frac{2}{3} + \frac{1}{3} =$	
13.	$\frac{6}{9} - \frac{4}{9} =$			35.	$\frac{2}{4} + \frac{1}{4} =$	
14.	$\frac{5}{9} - \frac{3}{9} =$			36.	$\frac{3}{12} - \frac{2}{12} =$	
15.	$\frac{2}{9} + \frac{2}{9} =$			37.	$\frac{1}{5} + \frac{2}{5} =$	
16.	$\frac{1}{12} + \frac{3}{12} =$			38.	$\frac{4}{5} - \frac{4}{5} =$	
17.	$\frac{5}{12} - \frac{4}{12} =$			39.	$\frac{5}{12} - \frac{1}{12} =$	
18.	$\frac{9}{12} - \frac{6}{12} =$			40.	$\frac{6}{8} + \frac{2}{8} =$	
19.	$\frac{6}{10} - \frac{4}{10} =$			41.	$\frac{2}{8} + \frac{2}{8} + \frac{2}{8} =$	
20.	$\frac{2}{8} + \frac{2}{8} + \frac{2}{8} =$			42.	$\frac{9}{10} - \frac{7}{10} - \frac{1}{10} =$	
21.	$\frac{1}{10} + \frac{1}{10} + \frac{1}{10} =$			43.	$\frac{2}{10} + \frac{5}{10} + \frac{2}{10} =$	
22.	$\frac{7}{10} - \frac{2}{10} - \frac{4}{10} =$			44.	$\frac{9}{12} - \frac{1}{12} - \frac{4}{12} =$	

第9课: 以数字组成相同单位来相加分数。

A

单位的故事 第10课冲刺

数字正确：_____

用分数单位加减整数和一位数

1.	$3 + 1 =$		23.	$3\frac{5}{6} + 7 =$	
2.	$3 + \frac{1}{2} =$		24.	$7\frac{5}{6} + 3 =$	
3.	$3\frac{1}{2} + 1 =$		25.	$10\frac{5}{6} - 3 =$	
4.	$3 - 1 =$		26.	$10\frac{5}{6} - 7 =$	
5.	$3\frac{1}{2} - 1 =$		27.	$3 + \frac{4}{5} + 2 =$	
6.	$4 - 2 =$		28.	$5 + \frac{7}{8} + 4 =$	
7.	$4\frac{1}{2} - 2 =$		29.	$7 + \frac{4}{5} - 2 =$	
8.	$5 - 2 =$		30.	$9 + \frac{5}{12} - 5 =$	
9.	$5\frac{1}{3} - 2 =$		31.	$7 + \frac{1}{5} + \frac{1}{5} + 2 =$	
10.	$5\frac{2}{3} - 2 =$		32.	$7 + \frac{2}{5} + 2 =$	
11.	$5\frac{2}{3} + 2 =$		33.	$7 + \frac{2}{5} + 2 + \frac{2}{5} =$	
12.	$6 + 2 =$		34.	$7\frac{2}{5} + 2\frac{2}{5} =$	
13.	$6 + \frac{3}{4} =$		35.	$6 + \frac{1}{3} + 1 + \frac{1}{3} =$	
14.	$6\frac{3}{4} + 2 =$		36.	$6\frac{1}{3} + 1\frac{1}{3} =$	
15.	$6\frac{3}{4} - 2 =$		37.	$6 + \frac{2}{3} - 1 =$	
16.	$6\frac{3}{4} - 3 =$		38.	$6\frac{2}{3} - 1\frac{1}{3} =$	
17.	$6\frac{3}{4} - 4 =$		39.	$6\frac{2}{3} - 1\frac{2}{3} =$	
18.	$6\frac{3}{4} - 6 =$		40.	$3 + \frac{4}{7} + 1 + \frac{2}{7} =$	
19.	$6\frac{3}{4} - \frac{3}{4} =$		41.	$3\frac{4}{7} + 1\frac{2}{7} =$	
20.	$2\frac{5}{6} + 3 =$		42.	$7\frac{4}{5} - 2\frac{3}{5} =$	
21.	$2\frac{1}{6} + 3 =$		43.	$7\frac{4}{5} - 2\frac{2}{5} =$	
22.	$2\frac{5}{6} + 7 =$		44.	$13\frac{7}{9} - 7\frac{5}{9} =$	

第10课: 相加和大于2的分数。

B

用分数单位加减整数和一位数

数字正确: _____

提高: _____

1.	$2 + 1 =$	
2.	$2 + \frac{1}{2} =$	
3.	$2\frac{1}{2} + 1 =$	
4.	$2 - 1 =$	
5.	$2\frac{1}{2} - 1 =$	
6.	$5 - 2 =$	
7.	$5\frac{1}{2} - 2 =$	
8.	$6 - 2 =$	
9.	$6\frac{1}{3} - 2 =$	
10.	$6\frac{2}{3} - 2 =$	
11.	$6\frac{2}{3} + 2 =$	
12.	$7 + 2 =$	
13.	$7 + \frac{3}{4} =$	
14.	$7\frac{3}{4} + 2 =$	
15.	$7\frac{3}{4} - 2 =$	
16.	$7\frac{3}{4} - 3 =$	
17.	$7\frac{3}{4} - 4 =$	
18.	$7\frac{3}{4} - 7 =$	
19.	$7\frac{3}{4} - \frac{3}{4} =$	
20.	$3\frac{5}{6} + 2 =$	
21.	$3\frac{1}{6} + 2 =$	
22.	$3\frac{5}{6} + 6 =$	

23.	$4\frac{5}{6} + 6 =$	
24.	$6\frac{5}{6} + 4 =$	
25.	$10\frac{5}{6} - 4 =$	
26.	$10\frac{5}{6} - 6 =$	
27.	$4 + \frac{4}{5} + 2 =$	
28.	$6 + \frac{7}{8} + 3 =$	
29.	$6 + \frac{4}{5} - 2 =$	
30.	$9 + \frac{5}{12} - 4 =$	
31.	$6 + \frac{1}{5} + \frac{1}{5} + 2 =$	
32.	$6 + \frac{2}{5} + 2 =$	
33.	$6 + \frac{2}{5} + 2 + \frac{2}{5} =$	
34.	$6\frac{2}{5} + 2\frac{2}{5} =$	
35.	$5 + \frac{1}{3} + 1 + \frac{1}{3} =$	
36.	$5\frac{1}{3} + 1\frac{1}{3} =$	
37.	$7 + \frac{2}{3} - 1 =$	
38.	$7\frac{2}{3} - 1\frac{1}{3} =$	
39.	$7\frac{2}{3} - 1\frac{2}{3} =$	
40.	$5 + \frac{4}{7} + 1 + \frac{2}{7} =$	
41.	$5\frac{4}{7} + 1\frac{2}{7} =$	
42.	$6 + \frac{4}{5} - 2\frac{3}{5} =$	
43.	$6\frac{4}{5} - 2\frac{3}{5} =$	
44.	$13\frac{7}{9} - 6\frac{5}{9} =$	

第10课: 相加和大于2的分数。

A

单位的故事　　　　　　　　　　　　　　　　　　　　数字正确：_____

用相似单位减去分数

1.	$2/4 - 1/4 =$		23.	$4/5 - 7/10 =$	
2.	$1/2 - 1/4 =$		24.	$2/12 - 1/12 =$	
3.	$2/6 - 1/6 =$		25.	$1/6 - 1/12 =$	
4.	$1/3 - 1/6 =$		26.	$6/12 - 1/12 =$	
5.	$2/8 - 1/8 =$		27.	$1/2 - 1/12 =$	
6.	$1/4 - 1/8 =$		28.	$1/2 - 5/12 =$	
7.	$6/8 - 1/8 =$		29.	$10/12 - 5/12 =$	
8.	$3/4 - 1/8 =$		30.	$5/6 - 5/12 =$	
9.	$3/4 - 3/8 =$		31.	$1/3 - 3/12 =$	
10.	$5/10 - 2/10 =$		32.	$2/3 - 1/12 =$	
11.	$1/2 - 2/10 =$		33.	$2/3 - 3/12 =$	
12.	$1/2 - 2/10 =$		34.	$2/3 - 7/12 =$	
13.	$4/10 - 1/10 =$		35.	$1/4 - 2/12 =$	
14.	$2/5 - 1/10 =$		36.	$1/5 - 1/15 =$	
15.	$2/5 - 3/10 =$		37.	$1/3 - 1/15 =$	
16.	$6/10 - 3/10 =$		38.	$2/3 - 3/15 =$	
17.	$3/5 - 3/10 =$		39.	$2/5 - 4/15 =$	
18.	$3/5 - 5/10 =$		40.	$3/4 - 2/12 =$	
19.	$8/10 - 1/10 =$		41.	$3/4 - 5/16 =$	
20.	$4/5 - 1/10 =$		42.	$4/5 - 5/15 =$	
21.	$4/5 - 5/10 =$		43.	$3/4 - 4/12 =$	
22.	$4/5 - 5/10 =$		44.	$3/4 - 7/16 =$	

第12课：　　减去大于或等于1的分数。

B

单位的故事　　　　　　　　　　　　第12课冲刺

数字正确：_____

用相似单位减去分数

提高：_____

1.	$2/10 - 1/10 =$	
2.	$1/5 - 1/10 =$	
3.	$2/4 - 1/4 =$	
4.	$1/2 - 1/4 =$	
5.	$5/10 - 2/10 =$	
6.	$1/2 - 2/10 =$	
7.	$1/2 - 4/10 =$	
8.	$4/10 - 1/10 =$	
9.	$2/5 - 1/10 =$	
10.	$2/5 - 3/10 =$	
11.	$6/10 - 3/10 =$	
12.	$3/5 - 3/10 =$	
13.	$3/5 - 5/10 =$	
14.	$8/10 - 1/10 =$	
15.	$4/5 - 1/10 =$	
16.	$4/5 - 5/10 =$	
17.	$4/5 - 5/10 =$	
18.	$4/5 - 7/10 =$	
19.	$2/8 - 1/8 =$	
20.	$1/4 - 1/8 =$	
21.	$6/8 - 1/8 =$	
22.	$3/4 - 1/8 =$	

23.	$3/4 - 3/8 =$	
24.	$5/15 - 1/15 =$	
25.	$1/3 - 1/15 =$	
26.	$3/15 - 1/15 =$	
27.	$1/5 - 1/15 =$	
28.	$1/5 - 2/15 =$	
29.	$12/15 - 4/15 =$	
30.	$4/5 - 4/15 =$	
31.	$1/4 - 2/12 =$	
32.	$3/4 - 2/12 =$	
33.	$3/4 - 4/12 =$	
34.	$3/4 - 8/12 =$	
35.	$1/3 - 3/12 =$	
36.	$1/6 - 1/12 =$	
37.	$1/3 - 3/15 =$	
38.	$2/3 - 2/15 =$	
39.	$2/5 - 2/15 =$	
40.	$3/4 - 4/12 =$	
41.	$3/4 - 7/16 =$	
42.	$4/5 - 4/15 =$	
43.	$3/4 - 2/12 =$	
44.	$3/4 - 5/16 =$	

第12课：　　减去大于或等于1的分数。

A

正确的数字：_____

组成较大单位

1.	$2/4 =$			23.	$9/27 =$	
2.	$2/6 =$			24.	$9/63 =$	
3.	$2/8 =$			25.	$8/12 =$	
4.	$5/10 =$			26.	$8/16 =$	
5.	$5/15 =$			27.	$8/24 =$	
6.	$5/20 =$			28.	$8/64 =$	
7.	$4/8 =$			29.	$12/18 =$	
8.	$4/12 =$			30.	$12/16 =$	
9.	$4/16 =$			31.	$9/12 =$	
10.	$3/6 =$			32.	$6/8 =$	
11.	$3/9 =$			33.	$10/12 =$	
12.	$3/12 =$			34.	$15/18 =$	
13.	$4/6 =$			35.	$8/10 =$	
14.	$6/12 =$			36.	$16/20 =$	
15.	$6/18 =$			37.	$12/15 =$	
16.	$6/30 =$			38.	$18/27 =$	
17.	$6/9 =$			39.	$27/36 =$	
18.	$7/14 =$			40.	$32/40 =$	
19.	$7/21 =$			41.	$45/54 =$	
20.	$7/42 =$			42.	$24/36 =$	
21.	$8/12 =$			43.	$60/72 =$	
22.	$9/18 =$			44.	$48/60 =$	

第14课： 采用一定策略，求解有多项的习题。

B

数字正确: _____

组成较大单位

提高: _____

1.	$\frac{5}{10} =$	
2.	$\frac{5}{15} =$	
3.	$\frac{5}{20} =$	
4.	$\frac{2}{4} =$	
5.	$\frac{2}{6} =$	
6.	$\frac{2}{8} =$	
7.	$\frac{3}{6} =$	
8.	$\frac{3}{9} =$	
9.	$\frac{3}{12} =$	
10.	$\frac{4}{8} =$	
11.	$\frac{4}{12} =$	
12.	$\frac{4}{16} =$	
13.	$\frac{4}{6} =$	
14.	$\frac{7}{14} =$	
15.	$\frac{7}{21} =$	
16.	$\frac{7}{35} =$	
17.	$\frac{6}{9} =$	
18.	$\frac{6}{12} =$	
19.	$\frac{6}{18} =$	
20.	$\frac{6}{36} =$	
21.	$\frac{8}{12} =$	
22.	$\frac{8}{16} =$	

23.	$\frac{8}{24} =$	
24.	$\frac{8}{56} =$	
25.	$\frac{8}{12} =$	
26.	$\frac{9}{18} =$	
27.	$\frac{9}{27} =$	
28.	$\frac{9}{72} =$	
29.	$\frac{12}{18} =$	
30.	$\frac{6}{8} =$	
31.	$\frac{9}{12} =$	
32.	$\frac{12}{16} =$	
33.	$\frac{8}{10} =$	
34.	$\frac{16}{20} =$	
35.	$\frac{12}{15} =$	
36.	$\frac{10}{12} =$	
37.	$\frac{15}{18} =$	
38.	$\frac{16}{24} =$	
39.	$\frac{24}{32} =$	
40.	$\frac{36}{45} =$	
41.	$\frac{40}{48} =$	
42.	$\frac{24}{36} =$	
43.	$\frac{48}{60} =$	
44.	$\frac{60}{72} =$	

第14课: 采用一定策略,求解有多项的习题。

A

单位的故事 第15课冲刺 5•3

数字正确: _____

圈出较小分数

1.	1/2	1/4
2.	1/2	3/4
3.	1/2	5/8
4.	1/2	7/8
5.	1/2	1/10
6.	1/2	3/10
7.	1/2	5/12
8.	1/2	11/12
9.	1/2	7/10
10.	1/5	9/10
11.	2/5	1/10
12.	2/5	3/10
13.	3/5	3/10
14.	3/5	7/10
15.	4/5	1/10
16.	4/5	9/10
17.	1/3	1/9
18.	1/3	2/9
19.	1/3	4/9
20.	1/3	8/9
21.	1/3	1/12
22.	1/3	5/12

23.	1/4	1/8
24.	1/4	3/8
25.	1/4	7/12
26.	1/4	11/12
27.	1/6	7/12
28.	1/6	11/12
29.	2/3	1/6
30.	2/3	5/6
31.	2/3	2/9
32.	2/3	4/9
33.	2/3	1/12
34.	2/3	5/12
35.	2/3	11/12
36.	2/3	7/12
37.	3/4	1/8
38.	3/4	1/8
39.	5/6	7/12
40.	5/6	5/12
41.	6/7	38/42
42.	7/8	62/72
43.	49/54	8/9
44.	67/72	11/12

第15课: 求解多步文字题,采用基准数字评估方案的合理性。

B

圈出较小分数

数字正确: _____

提高: _____

1.	1/2	1/6
2.	1/2	5/6
3.	1/2	1/8
4.	1/2	3/8
5.	1/2	7/10
6.	1/2	9/10
7.	1/2	1/12
8.	1/2	7/12
9.	1/5	1/10
10.	1/5	3/10
11.	2/5	7/10
12.	2/5	9/10
13.	3/5	1/10
14.	3/5	9/10
15.	4/5	3/10
16.	4/5	7/10
17.	1/3	1/6
18.	1/3	5/6
19.	1/3	5/9
20.	1/3	7/9
21.	1/3	7/12
22.	1/3	11/12

23.	1/4	5/8
24.	1/4	7/8
25.	1/4	1/12
26.	1/4	5/12
27.	1/6	1/12
28.	1/6	5/12
29.	2/3	1/9
30.	2/3	7/9
31.	2/3	5/9
32.	2/3	8/9
33.	3/4	1/2
34.	3/4	5/12
35.	3/4	11/12
36.	3/4	7/12
37.	5/6	1/12
38.	5/6	11/12
39.	3/4	5/8
40.	3/4	3/8
41.	6/7	34/42
42.	7/8	64/72
43.	47/54	8/9
44.	65/72	11/12

5 年级

模块 4

A

数字正确：_____

整数除法

#	算式		#	算式	
1.	1 ÷ 2 =		23.	6 ÷ 2 =	
2.	1 ÷ 3 =		24.	7 ÷ 2 =	
3.	1 ÷ 8 =		25.	8 ÷ 8 =	
4.	2 ÷ 2 =		26.	9 ÷ 8 =	
5.	2 ÷ 3 =		27.	15 ÷ 8 =	
6.	3 ÷ 3 =		28.	8 ÷ 4 =	
7.	3 ÷ 4 =		29.	11 ÷ 4 =	
8.	3 ÷ 10 =		30.	15 ÷ 2 =	
9.	3 ÷ 5 =		31.	24 ÷ 5 =	
10.	5 ÷ 5 =		32.	17 ÷ 4 =	
11.	6 ÷ 5 =		33.	20 ÷ 3 =	
12.	7 ÷ 5 =		34.	13 ÷ 6 =	
13.	9 ÷ 5 =		35.	30 ÷ 7 =	
14.	2 ÷ 3 =		36.	27 ÷ 8 =	
15.	4 ÷ 4 =		37.	49 ÷ 9 =	
16.	5 ÷ 4 =		38.	29 ÷ 6 =	
17.	7 ÷ 4 =		39.	47 ÷ 7 =	
18.	4 ÷ 2 =		40.	53 ÷ 8 =	
19.	5 ÷ 2 =		41.	67 ÷ 9 =	
20.	10 ÷ 5 =		42.	59 ÷ 6 =	
21.	11 ÷ 5 =		43.	63 ÷ 8 =	
22.	13 ÷ 5 =		44.	71 ÷ 9 =	

第6课：　　将分数作为除法与分数集相关联。

B

单位的故事 第6课冲刺

数字正确: _____

整数除法

提高: _____

#			#		
1.	1 ÷ 3 =		23.	15 ÷ 5 =	
2.	1 ÷ 4 =		24.	16 ÷ 5 =	
3.	1 ÷ 10 =		25.	6 ÷ 6 =	
4.	5 ÷ 5 =		26.	7 ÷ 6 =	
5.	5 ÷ 6 =		27.	11 ÷ 6 =	
6.	3 ÷ 3 =		28.	6 ÷ 3 =	
7.	3 ÷ 7 =		29.	8 ÷ 3 =	
8.	3 ÷ 10 =		30.	13 ÷ 2 =	
9.	3 ÷ 4 =		31.	23 ÷ 5 =	
10.	4 ÷ 4 =		32.	15 ÷ 4 =	
11.	5 ÷ 4 =		33.	19 ÷ 4 =	
12.	2 ÷ 2 =		34.	19 ÷ 6 =	
13.	3 ÷ 2 =		35.	31 ÷ 7 =	
14.	4 ÷ 5 =		36.	37 ÷ 8 =	
15.	10 ÷ 10 =		37.	50 ÷ 9 =	
16.	11 ÷ 10 =		38.	17 ÷ 6 =	
17.	13 ÷ 10 =		39.	48 ÷ 7 =	
18.	10 ÷ 5 =		40.	51 ÷ 8 =	
19.	11 ÷ 5 =		41.	68 ÷ 9 =	
20.	13 ÷ 5 =		42.	53 ÷ 6 =	
21.	4 ÷ 2 =		43.	61 ÷ 8 =	
22.	5 ÷ 2 =		44.	70 ÷ 9 =	

第6课: 将分数作为除法与分数集相关联。

A

单位的故事 第14课冲刺 5·4

数字正确：_____

分数和整数乘法

1.	$\frac{1}{5} \times 2 =$		23.	$\frac{5}{6} \times 12 =$	
2.	$\frac{1}{5} \times 3 =$		24.	$\frac{1}{3} \times 15 =$	
3.	$\frac{1}{5} \times 4 =$		25.	$\frac{2}{3} \times 15 =$	
4.	$4 \times \frac{1}{5} =$		26.	$15 \times \frac{2}{3} =$	
5.	$\frac{1}{8} \times 3 =$		27.	$\frac{1}{5} \times 15 =$	
6.	$\frac{1}{8} \times 5 =$		28.	$\frac{2}{5} \times 15 =$	
7.	$\frac{1}{8} \times 7 =$		29.	$\frac{4}{5} \times 15 =$	
8.	$7 \times \frac{1}{8} =$		30.	$\frac{3}{5} \times 15 =$	
9.	$3 \times \frac{1}{10} =$		31.	$15 \times \frac{3}{5} =$	
10.	$7 \times \frac{1}{10} =$		32.	$18 \times \frac{1}{6} =$	
11.	$\frac{1}{10} \times 7 =$		33.	$18 \times \frac{5}{6} =$	
12.	$4 \div 2 =$		34.	$\frac{5}{6} \times 18 =$	
13.	$4 \times \frac{1}{2} =$		35.	$24 \times \frac{1}{4} =$	
14.	$6 \div 3 =$		36.	$\frac{3}{4} \times 24 =$	
15.	$\frac{1}{3} \times 6 =$		37.	$32 \times \frac{1}{8} =$	
16.	$10 \div 5 =$		38.	$32 \times \frac{3}{8} =$	
17.	$10 \times \frac{1}{5} =$		39.	$\frac{5}{8} \times 32 =$	
18.	$\frac{1}{3} \times 9 =$		40.	$32 \times \frac{7}{8} =$	
19.	$\frac{2}{3} \times 9 =$		41.	$\frac{5}{9} \times 54 =$	
20.	$\frac{1}{4} \times 8 =$		42.	$63 \times \frac{7}{9} =$	
21.	$\frac{3}{4} \times 8 =$		43.	$56 \times \frac{3}{7} =$	
22.	$\frac{1}{6} \times 12 =$		44.	$\frac{6}{7} \times 49 =$	

第14课： 用非单位分数乘以单位分数。

B

单位的故事　　　　　　　　　　　　　　　　　　　　　　　　　　　　　　第14课冲刺　5•4

正确的数字：_____

分数和整数乘法　　　　　　　　　　　　　　　　　　　　　　　提高：_____

1.	$\frac{1}{7} \times 2 =$		23.	$\frac{3}{4} \times 8 =$	
2.	$\frac{1}{7} \times 3 =$		24.	$\frac{1}{5} \times 15 =$	
3.	$\frac{1}{7} \times 4 =$		25.	$\frac{2}{5} \times 15 =$	
4.	$4 \times \frac{1}{7} =$		26.	$\frac{4}{5} \times 15 =$	
5.	$\frac{1}{10} \times 3 =$		27.	$\frac{3}{5} \times 15 =$	
6.	$\frac{1}{10} \times 7 =$		28.	$15 \times \frac{3}{5} =$	
7.	$\frac{1}{10} \times 9 =$		29.	$\frac{1}{3} \times 15 =$	
8.	$9 \times \frac{1}{10} =$		30.	$\frac{2}{3} \times 15 =$	
9.	$3 \times \frac{1}{8} =$		31.	$15 \times \frac{2}{3} =$	
10.	$5 \times \frac{1}{8} =$		32.	$24 \times \frac{1}{6} =$	
11.	$\frac{1}{8} \times 5 =$		33.	$24 \times \frac{5}{6} =$	
12.	$10 \div 5 =$		34.	$\frac{5}{6} \times 24 =$	
13.	$10 \times \frac{1}{5} =$		35.	$20 \times \frac{1}{4} =$	
14.	$9 \div 3 =$		36.	$\frac{3}{4} \times 20 =$	
15.	$\frac{1}{3} \times 9 =$		37.	$24 \times \frac{1}{8} =$	
16.	$10 \div 2 =$		38.	$24 \times \frac{3}{8} =$	
17.	$10 \times \frac{1}{2} =$		39.	$\frac{5}{8} \times 24 =$	
18.	$\frac{1}{3} \times 6 =$		40.	$24 \times \frac{7}{8} =$	
19.	$\frac{2}{3} \times 6 =$		41.	$\frac{5}{9} \times 63 =$	
20.	$\frac{1}{6} \times 12 =$		42.	$54 \times \frac{7}{9} =$	
21.	$\frac{5}{6} \times 12 =$		43.	$49 \times \frac{3}{7} =$	
22.	$\frac{1}{4} \times 8 =$		44.	$\frac{6}{7} \times 56 =$	

第14课：　用非单位分数乘以单位分数。

A

单位的故事 第18课冲刺 5·4

数字正确:―――

分数乘法

1.	$1/2 \times 1/2 =$		23.	$2/5 \times 5/3 =$	
2.	$1/2 \times 1/3 =$		24.	$3/5 \times 5/2 =$	
3.	$1/2 \times 1/4 =$		25.	$1/3 \times 1/3 =$	
4.	$1/2 \times 1/7 =$		26.	$1/3 \times 2/3 =$	
5.	$1/7 \times 1/2 =$		27.	$2/3 \times 2/3 =$	
6.	$1/3 \times 1/2 =$		28.	$2/3 \times 3/2 =$	
7.	$1/3 \times 1/3 =$		29.	$2/3 \times 4/3 =$	
8.	$1/3 \times 1/6 =$		30.	$2/3 \times 5/3 =$	
9.	$1/3 \times 1/5 =$		31.	$3/2 \times 3/5 =$	
10.	$1/5 \times 1/3 =$		32.	$3/4 \times 1/5 =$	
11.	$1/5 \times 1/3 =$		33.	$3/4 \times 4/5 =$	
12.	$2/5 \times 2/3 =$		34.	$3/4 \times 5/5 =$	
13.	$1/4 \times 1/3 =$		35.	$3/4 \times 6/5 =$	
14.	$1/4 \times 2/3 =$		36.	$1/4 \times 6/5 =$	
15.	$3/4 \times 2/3 =$		37.	$1/7 \times 1/7 =$	
16.	$1/6 \times 1/3 =$		38.	$1/8 \times 3/5 =$	
17.	$5/6 \times 1/3 =$		39.	$5/6 \times 1/4 =$	
18.	$5/6 \times 2/3 =$		40.	$3/4 \times 3/4 =$	
19.	$5/4 \times 2/3 =$		41.	$2/3 \times 6/6 =$	
20.	$1/5 \times 1/5 =$		42.	$3/4 \times 6/2 =$	
21.	$2/5 \times 2/5 =$		43.	$7/8 \times 7/9 =$	
22.	$2/5 \times 3/5 =$		44.	$7/12 \times 9/8 =$	

第18课: 关联小数和分数乘法。

B

单位的故事 第18课冲刺 5•4

正确的数字：_____

分数乘法 提高：_____

1.	$\frac{1}{2} \times \frac{1}{3} =$		23.	$\frac{3}{5} \times \frac{5}{4} =$	
2.	$\frac{1}{2} \times \frac{1}{4} =$		24.	$\frac{4}{5} \times \frac{5}{3} =$	
3.	$\frac{1}{2} \times \frac{1}{5} =$		25.	$\frac{1}{4} \times \frac{1}{4} =$	
4.	$\frac{1}{2} \times \frac{1}{9} =$		26.	$\frac{1}{4} \times \frac{3}{4} =$	
5.	$\frac{1}{9} \times \frac{1}{2} =$		27.	$\frac{3}{4} \times \frac{3}{4} =$	
6.	$\frac{1}{5} \times \frac{1}{2} =$		28.	$\frac{3}{4} \times \frac{4}{3} =$	
7.	$\frac{1}{5} \times \frac{1}{3} =$		29.	$\frac{3}{4} \times \frac{5}{4} =$	
8.	$\frac{1}{5} \times \frac{1}{7} =$		30.	$\frac{3}{4} \times \frac{6}{4} =$	
9.	$\frac{1}{5} \times \frac{1}{3} =$		31.	$\frac{4}{3} \times \frac{4}{6} =$	
10.	$\frac{1}{3} \times \frac{1}{5} =$		32.	$\frac{2}{3} \times \frac{1}{5} =$	
11.	$\frac{1}{3} \times \frac{2}{5} =$		33.	$\frac{2}{3} \times \frac{4}{5} =$	
12.	$\frac{2}{3} \times \frac{2}{5} =$		34.	$\frac{2}{3} \times \frac{5}{5} =$	
13.	$\frac{1}{3} \times \frac{1}{4} =$		35.	$\frac{2}{3} \times \frac{6}{5} =$	
14.	$\frac{1}{3} \times \frac{3}{4} =$		36.	$\frac{1}{3} \times \frac{6}{5} =$	
15.	$\frac{2}{3} \times \frac{3}{4} =$		37.	$\frac{1}{9} \times \frac{1}{9} =$	
16.	$\frac{1}{3} \times \frac{1}{6} =$		38.	$\frac{1}{5} \times \frac{3}{8} =$	
17.	$\frac{2}{3} \times \frac{1}{6} =$		39.	$\frac{3}{4} \times \frac{1}{6} =$	
18.	$\frac{2}{3} \times \frac{5}{6} =$		40.	$\frac{2}{3} \times \frac{2}{3} =$	
19.	$\frac{3}{2} \times \frac{3}{4} =$		41.	$\frac{3}{4} \times \frac{8}{8} =$	
20.	$\frac{1}{5} \times \frac{1}{5} =$		42.	$\frac{2}{3} \times \frac{6}{3} =$	
21.	$\frac{3}{5} \times \frac{3}{5} =$		43.	$\frac{6}{7} \times \frac{8}{9} =$	
22.	$\frac{3}{5} \times \frac{4}{5} =$		44.	$\frac{7}{12} \times \frac{8}{7} =$	

第18课： 关联小数和分数乘法。

A

数字正确: ——

小数相乘

1.	3 × 2 =		23.	0.6 × 2 =	
2.	3 × 0.2 =		24.	0.6 × 0.2 =	
3.	3 × 0.02 =		25.	0.6 × 0.02 =	
4.	3 × 3 =		26.	0.2 × 0.06 =	
5.	3 × 0.3 =		27.	5 × 7 =	
6.	3 × 0.03 =		28.	0.5 × 7 =	
7.	2 × 4 =		29.	0.5 × 0.7 =	
8.	2 × 0.4 =		30.	0.5 × 0.07 =	
9.	2 × 0.04 =		31.	0.7 × 0.05 =	
10.	5 × 3 =		32.	2 × 8 =	
11.	5 × 0.3 =		33.	9 × 0.2 =	
12.	5 × 0.03 =		34.	3 × 7 =	
13.	7 × 2 =		35.	8 × 0.03 =	
14.	7 × 0.2 =		36.	4 × 6 =	
15.	7 × 0.02 =		37.	0.6 × 7 =	
16.	4 × 3 =		38.	0.7 × 0.7 =	
17.	4 × 0.3 =		39.	0.8 × 0.06 =	
18.	0.4 × 3 =		40.	0.09 × 0.6 =	
19.	0.4 × 0.3 =		41.	6 × 0.8 =	
20.	0.4 × 0.03 =		42.	0.7 × 0.9 =	
21.	0.3 × 0.04 =		43.	0.08 × 0.8 =	
22.	6 × 2 =		44.	0.9 × 0.08 =	

B

正确的数字：_____

小数相乘　　　　　　　　　　　　　　　　　　　　　　　　提高：_____

1.	4 × 2 =		23.	0.8 × 2 =	
2.	4 × 0.2 =		24.	0.8 × 0.2 =	
3.	4 × 0.02 =		25.	0.8 × 0.02 =	
4.	2 × 3 =		26.	0.2 × 0.08 =	
5.	2 × 0.3 =		27.	5 × 9 =	
6.	2 × 0.03 =		28.	0.5 × 9 =	
7.	3 × 3 =		29.	0.5 × 0.9 =	
8.	3 × 0.3 =		30.	0.5 × 0.09 =	
9.	3 × 0.03 =		31.	0.9 × 0.05 =	
10.	4 × 3 =		32.	2 × 6 =	
11.	4 × 0.3 =		33.	7 × 0.2 =	
12.	4 × 0.03 =		34.	3 × 8 =	
13.	9 × 2 =		35.	9 × 0.03 =	
14.	9 × 0.2 =		36.	4 × 8 =	
15.	9 × 0.02 =		37.	0.7 × 6 =	
16.	5 × 3 =		38.	0.6 × 0.6 =	
17.	5 × 0.3 =		39.	0.6 × 0.08 =	
18.	0.5 × 3 =		40.	0.06 × 0.9 =	
19.	0.5 × 0.3 =		41.	8 × 0.6 =	
20.	0.5 × 0.03 =		42.	0.9 × 0.7 =	
21.	0.3 × 0.05 =		43.	0.07 × 0.7 =	
22.	8 × 2 =		44.	0.8 × 0.09 =	

A

单位的故事　　　　　　　　　　　　　　　　　　　　　　第30课冲刺　5·4

正确的数字：_____

整数除以分数与分数除以整数

1.	$\frac{1}{2} \div 2 =$		23.	$4 \div \frac{1}{4} =$	
2.	$\frac{1}{2} \div 3 =$		24.	$\frac{1}{3} \div 3 =$	
3.	$\frac{1}{2} \div 4 =$		25.	$\frac{2}{3} \div 3 =$	
4.	$\frac{1}{2} \div 7 =$		26.	$\frac{1}{4} \div 2 =$	
5.	$7 \div \frac{1}{2} =$		27.	$\frac{3}{4} \div 2 =$	
6.	$6 \div \frac{1}{2} =$		28.	$\frac{1}{5} \div 2 =$	
7.	$5 \div \frac{1}{2} =$		29.	$\frac{3}{5} \div 2 =$	
8.	$3 \div \frac{1}{2} =$		30.	$\frac{1}{6} \div 2 =$	
9.	$2 \div \frac{1}{5} =$		31.	$\frac{5}{6} \div 2 =$	
10.	$3 \div \frac{1}{5} =$		32.	$\frac{5}{6} \div 3 =$	
11.	$4 \div \frac{1}{5} =$		33.	$\frac{1}{6} \div 3 =$	
12.	$7 \div \frac{1}{5} =$		34.	$3 \div \frac{1}{6} =$	
13.	$\frac{1}{5} \div 7 =$		35.	$6 \div \frac{1}{6} =$	
14.	$\frac{1}{3} \div 2 =$		36.	$7 \div \frac{1}{7} =$	
15.	$2 \div \frac{1}{3} =$		37.	$8 \div \frac{1}{8} =$	
16.	$\frac{1}{4} \div 2 =$		38.	$9 \div \frac{1}{9} =$	
17.	$2 \div \frac{1}{4} =$		39.	$\frac{1}{8} \div 7 =$	
18.	$\frac{1}{5} \div 2 =$		40.	$9 \div \frac{1}{8} =$	
19.	$2 \div \frac{1}{5} =$		41.	$\frac{1}{8} \div 7 =$	
20.	$3 \div \frac{1}{4} =$		42.	$7 \div \frac{1}{6} =$	
21.	$\frac{1}{4} \div 3 =$		43.	$9 \div \frac{1}{7} =$	
22.	$\frac{1}{4} \div 4 =$		44.	$\frac{1}{8} \div 9 =$	

第30课：　小数被除数 除以非单位小数除数

B

正确的数字：_____

整数除以分数与分数除以整数

提高：_____

1.	$\frac{1}{2} \div 2 =$	
2.	$\frac{1}{5} \div 3 =$	
3.	$\frac{1}{5} \div 4 =$	
4.	$\frac{1}{5} \div 7 =$	
5.	$7 \div \frac{1}{5} =$	
6.	$6 \div \frac{1}{5} =$	
7.	$5 \div \frac{1}{5} =$	
8.	$3 \div \frac{1}{5} =$	
9.	$2 \div \frac{1}{2} =$	
10.	$3 \div \frac{1}{2} =$	
11.	$4 \div \frac{1}{2} =$	
12.	$7 \div \frac{1}{2} =$	
13.	$\frac{1}{2} \div 7 =$	
14.	$\frac{1}{4} \div 2 =$	
15.	$2 \div \frac{1}{4} =$	
16.	$\frac{1}{3} \div 2 =$	
17.	$2 \div \frac{1}{3} =$	
18.	$\frac{1}{2} \div 2 =$	
19.	$2 \div \frac{1}{2} =$	
20.	$4 \div \frac{1}{3} =$	
21.	$\frac{1}{3} \div 4 =$	
22.	$\frac{1}{3} \div 3 =$	

23.	$3 \div \frac{1}{3} =$	
24.	$\frac{1}{4} \div 4 =$	
25.	$\frac{3}{4} \div 4 =$	
26.	$\frac{1}{3} \div 3 =$	
27.	$\frac{2}{3} \div 3 =$	
28.	$\frac{1}{6} \div 2 =$	
29.	$\frac{5}{6} \div 2 =$	
30.	$\frac{1}{5} \div 5 =$	
31.	$\frac{3}{5} \div 5 =$	
32.	$\frac{3}{5} \div 4 =$	
33.	$\frac{1}{5} \div 6 =$	
34.	$6 \div \frac{1}{5} =$	
35.	$6 \div \frac{1}{4} =$	
36.	$7 \div \frac{1}{6} =$	
37.	$8 \div \frac{1}{7} =$	
38.	$9 \div \frac{1}{8} =$	
39.	$\frac{1}{8} \div 8 =$	
40.	$9 \div \frac{1}{9} =$	
41.	$\frac{1}{9} \div 8 =$	
42.	$7 \div \frac{1}{7} =$	
43.	$9 \div \frac{1}{6} =$	
44.	$\frac{1}{8} \div 6 =$	

A

单位的故事　　　　　　　　　　　　　　　　　　　　　　　　　　　　正确的数字：_____

小数除法

1.	1 ÷ 1 =		23.	5 ÷ 0.1 =	
2.	1 ÷ 0.1 =		24.	0.5 ÷ 0.1 =	
3.	2 ÷ 0.1 =		25.	0.05 ÷ 0.1 =	
4.	7 ÷ 0.1 =		26.	0.08 ÷ 0.1 =	
5.	1 ÷ 0.1 =		27.	4 ÷ 0.01 =	
6.	10 ÷ 0.1 =		28.	40 ÷ 0.01 =	
7.	20 ÷ 0.1 =		29.	47 ÷ 0.01 =	
8.	60 ÷ 0.1 =		30.	59 ÷ 0.01 =	
9.	1 ÷ 1 =		31.	3 ÷ 0.1 =	
10.	1 ÷ 0.1 =		32.	30 ÷ 0.1 =	
11.	10 ÷ 0.1 =		33.	32 ÷ 0.1 =	
12.	100 ÷ 0.1 =		34.	32.5 ÷ 0.1 =	
13.	200 ÷ 0.1 =		35.	25 ÷ 5 =	
14.	800 ÷ 0.1 =		36.	2.5 ÷ 0.5 =	
15.	1 ÷ 0.1 =		37.	2.5 ÷ 0.05 =	
16.	1 ÷ 0.01 =		38.	3.6 ÷ 0.04 =	
17.	2 ÷ 0.01 =		39.	32 ÷ 0.08 =	
18.	9 ÷ 0.01 =		40.	56 ÷ 0.7 =	
19.	5 ÷ 0.01 =		41.	77 ÷ 1.1 =	
20.	50 ÷ 0.01 =		42.	4.8 ÷ 0.12 =	
21.	60 ÷ 0.01 =		43.	4.84 ÷ 0.4 =	
22.	20 ÷ 0.01 =		44.	9.63 ÷ 0.03 =	

第33课：　为数字表达式和带形图创建故事内容，并求解文字题。

B

单位的故事　　　　　　　　　　　　　　　　　　　　第33课冲刺　5•4

数字正确: _____

小数除法　　　　　　　　　　　　　　　　　　　　　　　提高: _____

1.	10 ÷ 1 =		23.	4 ÷ 0.1 =	
2.	1 ÷ 0.1 =		24.	0.4 ÷ 0.1 =	
3.	2 ÷ 0.1 =		25.	0.04 ÷ 0.1 =	
4.	8 ÷ 0.1 =		26.	0.07 ÷ 0.1 =	
5.	1 ÷ 0.1 =		27.	5 ÷ 0.01 =	
6.	10 ÷ 0.1 =		28.	50 ÷ 0.01 =	
7.	20 ÷ 0.1 =		29.	53 ÷ 0.01 =	
8.	70 ÷ 0.1 =		30.	68 ÷ 0.01 =	
9.	1 ÷ 1 =		31.	2 ÷ 0.1 =	
10.	1 ÷ 0.1 =		32.	20 ÷ 0.1 =	
11.	10 ÷ 0.1 =		33.	23 ÷ 0.1 =	
12.	100 ÷ 0.1 =		34.	23.6 ÷ 0.1 =	
13.	200 ÷ 0.1 =		35.	15 ÷ 5 =	
14.	900 ÷ 0.1 =		36.	1.5 ÷ 0.5 =	
15.	1 ÷ 0.1 =		37.	1.5 ÷ 0.05 =	
16.	1 ÷ 0.01 =		38.	3.2 ÷ 0.04 =	
17.	2 ÷ 0.01 =		39.	28 ÷ 0.07 =	
18.	7 ÷ 0.01 =		40.	42 ÷ 0.6 =	
19.	4 ÷ 0.01 =		41.	88 ÷ 1.1 =	
20.	40 ÷ 0.01 =		42.	3.6 ÷ 0.12 =	
21.	50 ÷ 0.01 =		43.	3.63 ÷ 0.3 =	
22.	80 ÷ 0.01 =		44.	8.44 ÷ 0.04 =	

第33课：　为数字表达式和带形图创建故事内容，并求解文字题。

5年级

模块5

A

数字正确：_____

分数和整数乘法

1.	$\frac{1}{5} \times 2 =$		23.	$\frac{5}{6} \times 12 =$	
2.	$\frac{1}{5} \times 3 =$		24.	$\frac{1}{3} \times 15 =$	
3.	$\frac{1}{5} \times 4 =$		25.	$\frac{2}{3} \times 15 =$	
4.	$4 \times \frac{1}{5} =$		26.	$15 \times \frac{2}{3} =$	
5.	$\frac{1}{8} \times 3 =$		27.	$\frac{1}{5} \times 15 =$	
6.	$\frac{1}{8} \times 5 =$		28.	$\frac{2}{5} \times 15 =$	
7.	$\frac{1}{8} \times 7 =$		29.	$\frac{4}{5} \times 15 =$	
8.	$7 \times \frac{1}{8} =$		30.	$\frac{3}{5} \times 15 =$	
9.	$3 \times \frac{1}{10} =$		31.	$15 \times \frac{3}{5} =$	
10.	$7 \times \frac{1}{10} =$		32.	$18 \times \frac{1}{6} =$	
11.	$\frac{1}{10} \times 7 =$		33.	$18 \times \frac{5}{6} =$	
12.	$4 \div 2 =$		34.	$\frac{5}{6} \times 18 =$	
13.	$4 \times \frac{1}{2} =$		35.	$24 \times \frac{1}{4} =$	
14.	$6 \div 3 =$		36.	$\frac{3}{4} \times 24 =$	
15.	$\frac{1}{3} \times 6 =$		37.	$32 \times \frac{1}{8} =$	
16.	$10 \div 5 =$		38.	$32 \times \frac{3}{8} =$	
17.	$10 \times \frac{1}{5} =$		39.	$\frac{5}{8} \times 32 =$	
18.	$\frac{1}{3} \times 9 =$		40.	$32 \times \frac{7}{8} =$	
19.	$\frac{2}{3} \times 9 =$		41.	$\frac{5}{9} \times 54 =$	
20.	$\frac{1}{4} \times 8 =$		42.	$63 \times \frac{7}{9} =$	
21.	$\frac{3}{4} \times 8 =$		43.	$56 \times \frac{3}{7} =$	
22.	$\frac{1}{6} \times 12 =$		44.	$\frac{6}{7} \times 49 =$	

单位的故事

B

数字正确: _____

分数和整数乘法

提高: _____

1.	$\frac{1}{7} \times 2 =$	
2.	$\frac{1}{7} \times 3 =$	
3.	$\frac{1}{7} \times 4 =$	
4.	$4 \times \frac{1}{7} =$	
5.	$\frac{1}{10} \times 3 =$	
6.	$\frac{1}{10} \times 7 =$	
7.	$\frac{1}{10} \times 9 =$	
8.	$9 \times \frac{1}{10} =$	
9.	$3 \times \frac{1}{8} =$	
10.	$5 \times \frac{1}{8} =$	
11.	$\frac{1}{8} \times 5 =$	
12.	$10 \div 5 =$	
13.	$10 \times \frac{1}{5} =$	
14.	$9 \div 3 =$	
15.	$\frac{1}{3} \times 9 =$	
16.	$10 \div 2 =$	
17.	$10 \times \frac{1}{2} =$	
18.	$\frac{1}{3} \times 6 =$	
19.	$\frac{2}{3} \times 6 =$	
20.	$\frac{1}{6} \times 12 =$	
21.	$\frac{5}{6} \times 12 =$	
22.	$\frac{1}{4} \times 8 =$	

23.	$\frac{3}{4} \times 8 =$	
24.	$\frac{1}{5} \times 15 =$	
25.	$\frac{2}{5} \times 15 =$	
26.	$\frac{4}{5} \times 15 =$	
27.	$\frac{3}{5} \times 15 =$	
28.	$15 \times \frac{3}{5} =$	
29.	$\frac{1}{3} \times 15 =$	
30.	$\frac{2}{3} \times 15 =$	
31.	$15 \times \frac{2}{3} =$	
32.	$24 \times \frac{1}{6} =$	
33.	$24 \times \frac{5}{6} =$	
34.	$\frac{5}{6} \times 24 =$	
35.	$20 \times \frac{1}{4} =$	
36.	$\frac{3}{4} \times 20 =$	
37.	$24 \times \frac{1}{8} =$	
38.	$24 \times \frac{3}{8} =$	
39.	$\frac{5}{8} \times 24 =$	
40.	$24 \times \frac{7}{8} =$	
41.	$\frac{5}{9} \times 63 =$	
42.	$54 \times \frac{7}{9} =$	
43.	$49 \times \frac{3}{7} =$	
44.	$\frac{6}{7} \times 56 =$	

第3课: 用立方块层来构建和分解直角矩形棱柱。

A

单位的故事　　　　　　　　　　　　　　　　　　第7课冲刺

数字正确: _____

分数乘法

1.	$\frac{1}{2} \times \frac{1}{2} =$		23.	$\frac{2}{5} \times \frac{5}{3} =$
2.	$\frac{1}{2} \times \frac{1}{3} =$		24.	$\frac{3}{5} \times \frac{5}{2} =$
3.	$\frac{1}{2} \times \frac{1}{4} =$		25.	$\frac{1}{3} \times \frac{1}{3} =$
4.	$\frac{1}{2} \times \frac{1}{7} =$		26.	$\frac{1}{3} \times \frac{2}{3} =$
5.	$\frac{1}{7} \times \frac{1}{2} =$		27.	$\frac{2}{3} \times \frac{2}{3} =$
6.	$\frac{1}{3} \times \frac{1}{2} =$		28.	$\frac{2}{3} \times \frac{3}{2} =$
7.	$\frac{1}{3} \times \frac{1}{3} =$		29.	$\frac{2}{3} \times \frac{4}{3} =$
8.	$\frac{1}{3} \times \frac{1}{6} =$		30.	$\frac{2}{3} \times \frac{5}{3} =$
9.	$\frac{1}{3} \times \frac{1}{5} =$		31.	$\frac{3}{2} \times \frac{3}{5} =$
10.	$\frac{1}{5} \times \frac{1}{3} =$		32.	$\frac{3}{4} \times \frac{1}{5} =$
11.	$\frac{1}{5} \times \frac{2}{3} =$		33.	$\frac{3}{4} \times \frac{4}{5} =$
12.	$\frac{2}{5} \times \frac{2}{3} =$		34.	$\frac{3}{4} \times \frac{5}{5} =$
13.	$\frac{1}{4} \times \frac{1}{3} =$		35.	$\frac{3}{4} \times \frac{6}{5} =$
14.	$\frac{1}{4} \times \frac{2}{3} =$		36.	$\frac{1}{4} \times \frac{6}{5} =$
15.	$\frac{3}{4} \times \frac{2}{3} =$		37.	$\frac{1}{7} \times \frac{1}{7} =$
16.	$\frac{1}{6} \times \frac{1}{3} =$		38.	$\frac{1}{8} \times \frac{3}{5} =$
17.	$\frac{5}{6} \times \frac{1}{3} =$		39.	$\frac{5}{6} \times \frac{1}{4} =$
18.	$\frac{5}{6} \times \frac{2}{3} =$		40.	$\frac{3}{4} \times \frac{3}{4} =$
19.	$\frac{5}{4} \times \frac{2}{3} =$		41.	$\frac{2}{3} \times \frac{6}{6} =$
20.	$\frac{1}{5} \times \frac{1}{5} =$		42.	$\frac{3}{4} \times \frac{6}{2} =$
21.	$\frac{2}{5} \times \frac{2}{5} =$		43.	$\frac{7}{8} \times \frac{7}{9} =$
22.	$\frac{2}{5} \times \frac{3}{5} =$		44.	$\frac{7}{12} \times \frac{9}{8} =$

第7课: 解答涉及整数边长的矩形棱柱体积的文字题。

B

分数乘法

数字正确: _____

提高: _____

1.	$\frac{1}{2} \times \frac{1}{3} =$	
2.	$\frac{1}{2} \times \frac{1}{4} =$	
3.	$\frac{1}{2} \times \frac{1}{5} =$	
4.	$\frac{1}{2} \times \frac{1}{9} =$	
5.	$\frac{1}{9} \times \frac{1}{2} =$	
6.	$\frac{1}{5} \times \frac{1}{2} =$	
7.	$\frac{1}{5} \times \frac{1}{3} =$	
8.	$\frac{1}{5} \times \frac{1}{7} =$	
9.	$\frac{1}{5} \times \frac{1}{3} =$	
10.	$\frac{1}{3} \times \frac{1}{5} =$	
11.	$\frac{1}{3} \times \frac{2}{5} =$	
12.	$\frac{2}{3} \times \frac{2}{5} =$	
13.	$\frac{1}{3} \times \frac{1}{4} =$	
14.	$\frac{1}{3} \times \frac{3}{4} =$	
15.	$\frac{2}{3} \times \frac{3}{4} =$	
16.	$\frac{1}{3} \times \frac{1}{6} =$	
17.	$\frac{2}{3} \times \frac{1}{6} =$	
18.	$\frac{2}{3} \times \frac{5}{6} =$	
19.	$\frac{3}{2} \times \frac{3}{4} =$	
20.	$\frac{1}{5} \times \frac{1}{5} =$	
21.	$\frac{3}{5} \times \frac{3}{5} =$	
22.	$\frac{3}{5} \times \frac{4}{5} =$	
23.	$\frac{3}{5} \times \frac{5}{4} =$	
24.	$\frac{4}{5} \times \frac{5}{3} =$	
25.	$\frac{1}{4} \times \frac{1}{4} =$	
26.	$\frac{1}{4} \times \frac{3}{4} =$	
27.	$\frac{3}{4} \times \frac{3}{4} =$	
28.	$\frac{3}{4} \times \frac{4}{3} =$	
29.	$\frac{3}{4} \times \frac{5}{4} =$	
30.	$\frac{3}{4} \times \frac{6}{4} =$	
31.	$\frac{4}{3} \times \frac{4}{6} =$	
32.	$\frac{2}{3} \times \frac{1}{5} =$	
33.	$\frac{2}{3} \times \frac{4}{5} =$	
34.	$\frac{2}{3} \times \frac{5}{5} =$	
35.	$\frac{2}{3} \times \frac{6}{5} =$	
36.	$\frac{1}{3} \times \frac{6}{5} =$	
37.	$\frac{1}{9} \times \frac{1}{9} =$	
38.	$\frac{1}{5} \times \frac{3}{8} =$	
39.	$\frac{3}{4} \times \frac{1}{6} =$	
40.	$\frac{2}{3} \times \frac{2}{3} =$	
41.	$\frac{3}{4} \times \frac{8}{8} =$	
42.	$\frac{2}{3} \times \frac{6}{3} =$	
43.	$\frac{6}{7} \times \frac{8}{9} =$	
44.	$\frac{7}{12} \times \frac{8}{7} =$	

第7课 冲刺: 解答涉及整数边长的矩形棱柱体积的文字题。

A

数字正确: _____

小数相乘

1.	3 × 2 =	
2.	3 × 0.2 =	
3.	3 × 0.02 =	
4.	3 × 3 =	
5.	3 × 0.3 =	
6.	3 × 0.03 =	
7.	2 × 4 =	
8.	2 × 0.4 =	
9.	2 × 0.04 =	
10.	5 × 3 =	
11.	5 × 0.3 =	
12.	5 × 0.03 =	
13.	7 × 2 =	
14.	7 × 0.2 =	
15.	7 × 0.02 =	
16.	4 × 3 =	
17.	4 × 0.3 =	
18.	0.4 × 3 =	
19.	0.4 × 0.3 =	
20.	0.4 × 0.03 =	
21.	0.3 × 0.04 =	
22.	6 × 2 =	

23.	0.6 × 2 =	
24.	0.6 × 0.2 =	
25.	0.6 × 0.02 =	
26.	0.2 × 0.06 =	
27.	5 × 7 =	
28.	0.5 × 7 =	
29.	0.5 × 0.7 =	
30.	0.5 × 0.07 =	
31.	0.7 × 0.05 =	
32.	2 × 8 =	
33.	9 × 0.2 =	
34.	3 × 7 =	
35.	8 × 0.03 =	
36.	4 × 6 =	
37.	0.6 × 7 =	
38.	0.7 × 0.7 =	
39.	0.8 × 0.06 =	
40.	0.09 × 0.6 =	
41.	6 × 0.8 =	
42.	0.7 × 0.9 =	
43.	0.08 × 0.8 =	
44.	0.9 × 0.08 =	

第11课: 通过平铺法求出混合边长和分数边长的矩形面积, 用绘图来记录, 并关联到分数乘法。

B

小数相乘

数字正确: _____

提高: _____

1.	4 × 2 =			23.	0.8 × 2 =	
2.	4 × 0.2 =			24.	0.8 × 0.2 =	
3.	4 × 0.02 =			25.	0.8 × 0.02 =	
4.	2 × 3 =			26.	0.2 × 0.08 =	
5.	2 × 0.3 =			27.	5 × 9 =	
6.	2 × 0.03 =			28.	0.5 × 9 =	
7.	3 × 3 =			29.	0.5 × 0.9 =	
8.	3 × 0.3 =			30.	0.5 × 0.09 =	
9.	3 × 0.03 =			31.	0.9 × 0.05 =	
10.	4 × 3 =			32.	2 × 6 =	
11.	4 × 0.3 =			33.	7 × 0.2 =	
12.	4 × 0.03 =			34.	3 × 8 =	
13.	9 × 2 =			35.	9 × 0.03 =	
14.	9 × 0.2 =			36.	4 × 8 =	
15.	9 × 0.02 =			37.	0.7 × 6 =	
16.	5 × 3 =			38.	0.6 × 0.6 =	
17.	5 × 0.3 =			39.	0.6 × 0.08 =	
18.	0.5 × 3 =			40.	0.06 × 0.9 =	
19.	0.5 × 0.3 =			41.	8 × 0.6 =	
20.	0.5 × 0.03 =			42.	0.9 × 0.7 =	
21.	0.3 × 0.05 =			43.	0.07 × 0.7 =	
22.	8 × 2 =			44.	0.8 × 0.09 =	

第11课: 通过平铺法求出混合边长和分数边长的矩形面积,用绘图来记录,并关联到分数乘法。

单位的故事 第18课冲刺 5·5

A

数字正确：_____

整数除以分数与分数除以整数

1.	1/2 ÷ 2 =		23.	4 ÷ 1/4 =	
2.	1/2 ÷ 3 =		24.	1/3 ÷ 3 =	
3.	1/2 ÷ 4 =		25.	2/3 ÷ 3 =	
4.	1/2 ÷ 7 =		26.	1/4 ÷ 2 =	
5.	7 ÷ 1/2 =		27.	3/4 ÷ 2 =	
6.	6 ÷ 1/2 =		28.	1/5 ÷ 2 =	
7.	5 ÷ 1/2 =		29.	3/5 ÷ 2 =	
8.	3 ÷ 1/2 =		30.	1/6 ÷ 2 =	
9.	2 ÷ 1/5 =		31.	5/6 ÷ 2 =	
10.	3 ÷ 1/5 =		32.	5/6 ÷ 3 =	
11.	4 ÷ 1/5 =		33.	1/6 ÷ 3 =	
12.	7 ÷ 1/5 =		34.	3 ÷ 1/6 =	
13.	1/5 ÷ 7 =		35.	6 ÷ 1/6 =	
14.	1/3 ÷ 2 =		36.	7 ÷ 1/7 =	
15.	2 ÷ 1/3 =		37.	8 ÷ 1/8 =	
16.	1/4 ÷ 2 =		38.	9 ÷ 1/9 =	
17.	2 ÷ 1/4 =		39.	1/8 ÷ 7 =	
18.	1/5 ÷ 2 =		40.	9 ÷ 1/8 =	
19.	2 ÷ 1/5 =		41.	1/8 ÷ 7 =	
20.	3 ÷ 1/4 =		42.	7 ÷ 1/6 =	
21.	1/4 ÷ 3 =		43.	9 ÷ 1/7 =	
22.	1/4 ÷ 4 =		44.	1/8 ÷ 9 =	

第18课： 绘制矩形和菱形来阐明其属性，然后根据属性来定义矩形和菱形。

B

单位的故事　　　　　　　　　　　　　　　　　　　　　　第18课冲刺

数字正确：_____

整数除以分数与分数除以整数　　　　　　　　　　　　提高：_____

1.	$1/2 \div 2 =$		23.	$3 \div 1/3 =$	
2.	$1/5 \div 3 =$		24.	$1/4 \div 4 =$	
3.	$1/5 \div 4 =$		25.	$3/4 \div 4 =$	
4.	$1/5 \div 7 =$		26.	$1/3 \div 3 =$	
5.	$7 \div 1/5 =$		27.	$2/3 \div 3 =$	
6.	$6 \div 1/5 =$		28.	$1/6 \div 2 =$	
7.	$5 \div 1/5 =$		29.	$5/6 \div 2 =$	
8.	$3 \div 1/5 =$		30.	$1/5 \div 5 =$	
9.	$2 \div 1/2 =$		31.	$3/5 \div 5 =$	
10.	$3 \div 1/2 =$		32.	$3/5 \div 4 =$	
11.	$4 \div 1/2 =$		33.	$1/5 \div 6 =$	
12.	$7 \div 1/2 =$		34.	$6 \div 1/5 =$	
13.	$1/2 \div 7 =$		35.	$6 \div 1/4 =$	
14.	$1/4 \div 2 =$		36.	$7 \div 1/6 =$	
15.	$2 \div 1/4 =$		37.	$8 \div 1/7 =$	
16.	$1/3 \div 2 =$		38.	$9 \div 1/8 =$	
17.	$2 \div 1/3 =$		39.	$1/8 \div 8 =$	
18.	$1/2 \div 2 =$		40.	$9 \div 1/9 =$	
19.	$2 \div 1/2 =$		41.	$1/9 \div 8 =$	
20.	$4 \div 1/3 =$		42.	$7 \div 1/7 =$	
21.	$1/3 \div 4 =$		43.	$9 \div 1/6 =$	
22.	$1/3 \div 3 =$		44.	$1/8 \div 6 =$	

第18课：　绘制矩形和菱形来阐明其属性，然后根据属性来定义矩形和菱形。

A

单位的故事　　　　　　　　　　　　　　　　　　　　　　　第19课冲刺　　数字正确：_____

乘以10和100的倍数

1.	2 × 10 =		23.	33 × 20 =	
2.	12 × 10 =		24.	33 × 200 =	
3.	12 × 100 =		25.	24 × 10 =	
4.	4 × 10 =		26.	24 × 20 =	
5.	34 × 10 =		27.	24 × 100 =	
6.	34 × 100 =		28.	24 × 200 =	
7.	7 × 10 =		29.	23 × 30 =	
8.	27 × 10 =		30.	23 × 300 =	
9.	27 × 100 =		31.	71 × 2 =	
10.	3 × 10 =		32.	71 × 20 =	
11.	3 × 2 =		33.	14 × 2 =	
12.	3 × 20 =		34.	14 × 3 =	
13.	13 × 10 =		35.	14 × 30 =	
14.	13 × 2 =		36.	14 × 300 =	
15.	13 × 20 =		37.	82 × 20 =	
16.	13 × 100 =		38.	15 × 300 =	
17.	13 × 200 =		39.	71 × 600 =	
18.	2 × 4 =		40.	18 × 40 =	
19.	22 × 4 =		41.	75 × 30 =	
20.	22 × 40 =		42.	84 × 300 =	
21.	22 × 400 =		43.	87 × 60 =	
22.	33 × 2 =		44.	79 × 800 =	

第19课：　绘制筝形和正方形形来阐明其属性，然后根据属性来定义筝形和正方形。

B

乘以10和100的倍数

数字正确: _____

提高: _____

1.	3 × 10 =			23.	44 × 20 =	
2.	13 × 10 =			24.	44 × 200 =	
3.	13 × 100 =			25.	42 × 10 =	
4.	5 × 10 =			26.	42 × 20 =	
5.	35 × 10 =			27.	42 × 100 =	
6.	35 × 100 =			28.	42 × 200 =	
7.	8 × 10 =			29.	32 × 30 =	
8.	28 × 10 =			30.	32 × 300 =	
9.	28 × 100 =			31.	81 × 2 =	
10.	4 × 10 =			32.	81 × 20 =	
11.	4 × 2 =			33.	13 × 3 =	
12.	4 × 20 =			34.	13 × 4 =	
13.	14 × 10 =			35.	13 × 40 =	
14.	14 × 2 =			36.	13 × 400 =	
15.	14 × 20 =			37.	72 × 30 =	
16.	14 × 100 =			38.	15 × 300 =	
17.	14 × 200 =			39.	81 × 600 =	
18.	2 × 3 =			40.	16 × 40 =	
19.	22 × 3 =			41.	65 × 30 =	
20.	22 × 30 =			42.	48 × 300 =	
21.	22 × 300 =			43.	89 × 60 =	
22.	44 × 2 =			44.	76 × 800 =	

第19课: 绘制筝形和正方形形来阐明其属性,然后根据属性来定义筝形和正方形。

A

单位的故事　　　　　　　　　　　　　　　第21课冲刺

数字正确：_____

除以10和100的倍数

1.	30 ÷ 10 =		23.	480 ÷ 4 =	
2.	430 ÷ 10 =		24.	480 ÷ 40 =	
3.	4,300 ÷ 10 =		25.	6,300 ÷ 3 =	
4.	4,300 ÷ 100 =		26.	6,300 ÷ 30 =	
5.	43,000 ÷ 100 =		27.	6,300 ÷ 300 =	
6.	50 ÷ 10 =		28.	8,400 ÷ 2 =	
7.	850 ÷ 10 =		29.	8,400 ÷ 20 =	
8.	8,500 ÷ 10 =		30.	8,400 ÷ 200 =	
9.	8,500 ÷ 100 =		31.	96,000 ÷ 3 =	
10.	85,000 ÷ 100 =		32.	96,000 ÷ 300 =	
11.	600 ÷ 10 =		33.	96,000 ÷ 30 =	
12.	60 ÷ 3 =		34.	900 ÷ 30 =	
13.	600 ÷ 30 =		35.	1,200 ÷ 30 =	
14.	4,000 ÷ 100 =		36.	1,290 ÷ 30 =	
15.	40 ÷ 2 =		37.	1,800 ÷ 300 =	
16.	4,000 ÷ 200 =		38.	8,000 ÷ 200 =	
17.	240 ÷ 10 =		39.	12,000 ÷ 200 =	
18.	24 ÷ 2 =		40.	12,800 ÷ 200 =	
19.	240 ÷ 20 =		41.	2,240 ÷ 70 =	
20.	3,600 ÷ 100 =		42.	18,400 ÷ 800 =	
21.	36 ÷ 3 =		43.	21,600 ÷ 90 =	
22.	3,600 ÷ 300 =		44.	25,200 ÷ 600 =	

第21课：　　绘画和确认给定属性的各种二维图形。

B

除以10和100的倍数

数字正确: _____

提高: _____

#			#		
1.	20 ÷ 10 =		23.	840 ÷ 4 =	
2.	420 ÷ 10 =		24.	840 ÷ 40 =	
3.	4,200 ÷ 10 =		25.	3,600 ÷ 3 =	
4.	4,200 ÷ 100 =		26.	3,600 ÷ 30 =	
5.	42,000 ÷ 100 =		27.	3,600 ÷ 300 =	
6.	40 ÷ 10 =		28.	4,800 ÷ 2 =	
7.	840 ÷ 10 =		29.	4,800 ÷ 20 =	
8.	8,400 ÷ 10 =		30.	4,800 ÷ 200 =	
9.	8,400 ÷ 100 =		31.	69,000 ÷ 3 =	
10.	84,000 ÷ 100 =		32.	69,000 ÷ 300 =	
11.	900 ÷ 10 =		33.	69,000 ÷ 30 =	
12.	90 ÷ 3 =		34.	800 ÷ 40 =	
13.	900 ÷ 30 =		35.	1,200 ÷ 40 =	
14.	6,000 ÷ 100 =		36.	1,280 ÷ 40 =	
15.	60 ÷ 2 =		37.	1,600 ÷ 400 =	
16.	6,000 ÷ 200 =		38.	8,000 ÷ 200 =	
17.	240 ÷ 10 =		39.	14,000 ÷ 200 =	
18.	24 ÷ 2 =		40.	14,600 ÷ 200 =	
19.	240 ÷ 20 =		41.	2,560 ÷ 80 =	
20.	6,300 ÷ 100 =		42.	16,100 ÷ 700 =	
21.	63 ÷ 3 =		43.	14,400 ÷ 60 =	
22.	6,300 ÷ 300 =		44.	37,800 ÷ 900 =	

第21课: 绘画和确认给定属性的各种二维图形。

5 年级

模块 6

a.

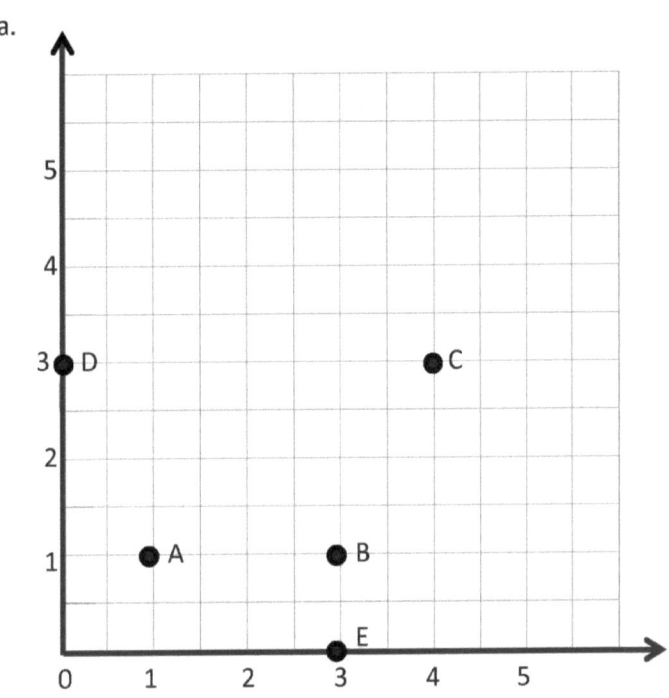

b.

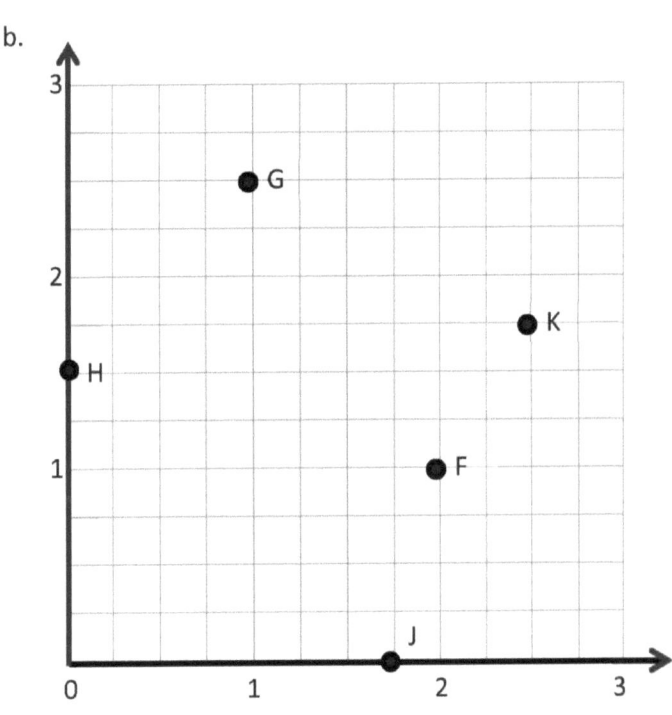

坐标网格

单位的故事

a.
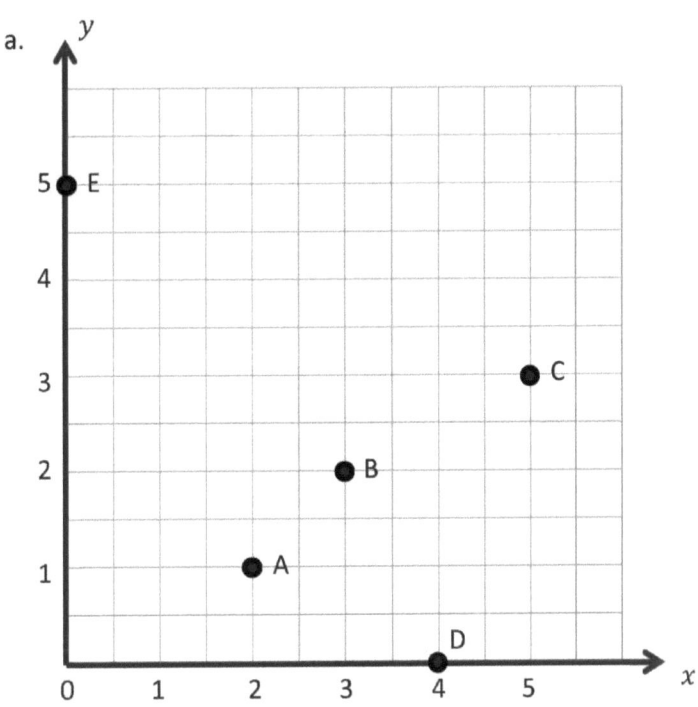

b.
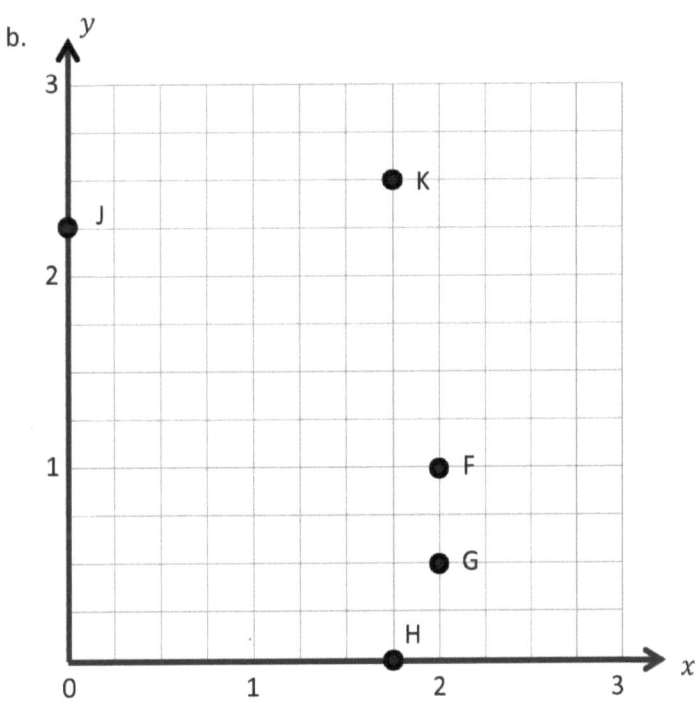

坐标网格

1,000,000	100,000	10,000	1,000	100	10	1	.	$\frac{1}{10}$	$\frac{1}{100}$	$\frac{1}{1000}$
百万	成百上千的	一万	仟	百(位数)	十位数	个(位数)	.	十分之一	百分之一	千分之一
							.			
							.			
							.			
							.			
							.			
							.			
							.			
							.			
							.			

百万位到千位数位表

第6课： 调查垂直和水平线的规律，并将平面上的点理解为轴的距离。

a.

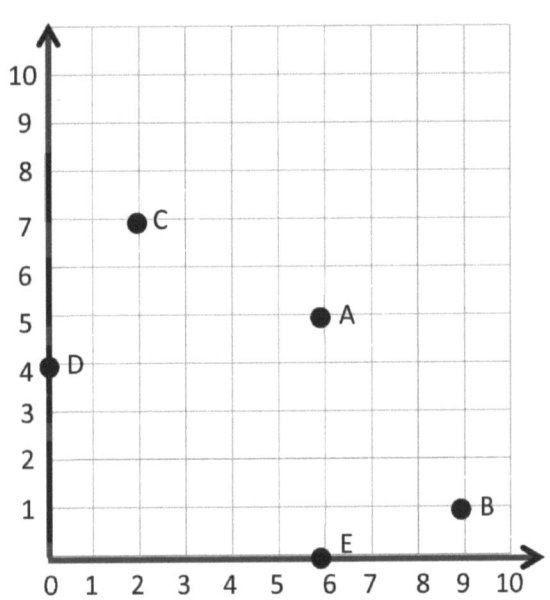

b.

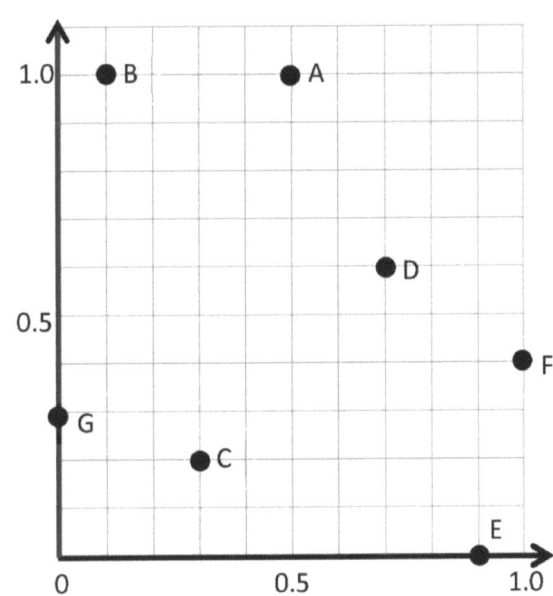

坐标网格

A

正确的数字：_____

小数乘以 10、100 和 1,000

1.	62.3 × 10 =	
2.	62.3 × 100 =	
3.	62.3 × 1,000 =	
4.	73.6 × 10 =	
5.	73.6 × 100 =	
6.	73.6 × 1,000 =	
7.	0.6 × 10 =	
8.	0.06 × 10 =	
9.	0.006 × 10 =	
10.	0.3 × 10 =	
11.	0.3 × 100 =	
12.	0.3 × 1,000 =	
13.	0.02 × 10 =	
14.	0.02 × 100 =	
15.	0.02 × 1,000 =	
16.	0.008 × 10 =	
17.	0.008 × 100 =	
18.	0.008 × 1,000 =	
19.	0.32 × 10 =	
20.	0.67 × 10 =	
21.	0.91 × 100 =	
22.	0.74 × 100 =	

23.	4.1 × 1,000 =	
24.	7.6 × 1,000 =	
25.	0.01 × 1,000 =	
26.	0.07 × 1,000 =	
27.	0.072 × 100 =	
28.	0.802 × 10 =	
29.	0.019 × 1,000 =	
30.	7.412 × 1,000 =	
31.	6.8 × 100 =	
32.	4.901 × 10 =	
33.	16.07 × 100 =	
34.	9.19 × 10 =	
35.	18.2 × 100 =	
36.	14.7 × 1,000 =	
37.	2.021 × 100 =	
38.	172.1 × 10 =	
39.	3.2 × 20 =	
40.	4.1 × 20 =	
41.	3.2 × 30 =	
42.	1.3 × 30 =	
43.	3.12 × 40 =	
44.	14.12 × 40 =	

第8课： 根据一个给定的规则来生成一个数字规律，并画出各点。

B

单位的故事　　　　　　　　　　　　　　　　　　　　　第8课冲刺练习　5•6

数字正确: _____

小数乘以 10、100 和 1,000　　　　　　　　　　　　　　提高: _____

1.	46.1 × 10 =		23.	5.2 × 1,000 =	
2.	46.1 × 100 =		24.	8.7 × 1,000 =	
3.	46.1 × 1,000 =		25.	0.01 × 1,000 =	
4.	89.2 × 10 =		26.	0.08 × 1,000 =	
5.	89.2 × 100 =		27.	0.083 × 10 =	
6.	89.2 × 1,000 =		28.	0.903 × 10 =	
7.	0.3 × 10 =		29.	0.017 × 1,000 =	
8.	0.03 × 10 =		30.	8.523 × 1,000 =	
9.	0.003 × 10 =		31.	7.9 × 100 =	
10.	0.9 × 10 =		32.	5.802 × 10 =	
11.	0.9 × 100 =		33.	27.08 × 100 =	
12.	0.9 × 1,000 =		34.	8.18 × 10 =	
13.	0.04 × 10 =		35.	29.3 × 100 =	
14.	0.04 × 100 =		36.	25.8 × 1,000 =	
15.	0.04 × 1,000 =		37.	3.032 × 100 =	
16.	0.007 × 10 =		38.	283.1 × 10 =	
17.	0.007 × 100 =		39.	2.1 × 20 =	
18.	0.007 × 1,000 =		40.	3.3 × 20 =	
19.	0.45 × 10 =		41.	3.1 × 30 =	
20.	0.78 × 10 =		42.	1.2 × 30 =	
21.	0.28 × 100 =		43.	2.11 × 40 =	
22.	0.19 × 100 =		44.	13.11 × 40 =	

第8课:　根据一个给定的规则来生成一个数字规律,并画出各点。

单位的故事　　　　　　　　　　　　　　　　第8课熟练度模板

坐标网格插入

第8课：　　根据一个给定的规则来生成一个数字规律，并画出各点。

A

单位的故事 第11课冲刺 5•6

数字正确: _____

舍入到最近的个位

1.	3.1 ≈		23.	12.51 ≈	
2.	3.2 ≈		24.	16.61 ≈	
3.	3.3 ≈		25.	17.41 ≈	
4.	3.4 ≈		26.	11.51 ≈	
5.	3.5 ≈		27.	11.49 ≈	
6.	3.6 ≈		28.	13.49 ≈	
7.	3.9 ≈		29.	13.51 ≈	
8.	13.9 ≈		30.	15.51 ≈	
9.	13.1 ≈		31.	15.49 ≈	
10.	13.5 ≈		32.	6.3 ≈	
11.	7.5 ≈		33.	7.6 ≈	
12.	8.5 ≈		34.	49.5 ≈	
13.	9.5 ≈		35.	3.45 ≈	
14.	19.5 ≈		36.	17.46 ≈	
15.	29.5 ≈		37.	11.76 ≈	
16.	89.5 ≈		38.	5.2 ≈	
17.	2.4 ≈		39.	12.8 ≈	
18.	2.41 ≈		40.	59.5 ≈	
19.	2.42 ≈		41.	5.45 ≈	
20.	2.45 ≈		42.	19.47 ≈	
21.	2.49 ≈		43.	19.87 ≈	
22.	2.51 ≈		44.	69.51 ≈	

第11课: 分析混合运算创建的数字模式。

Copyright © Great Minds PBC

B

数字正确: _____

舍入到最近的个位

提高: _____

1.	4.1 ≈		23.	13.51 ≈	
2.	4.2 ≈		24.	17.61 ≈	
3.	4.3 ≈		25.	18.41 ≈	
4.	4.4 ≈		26.	12.51 ≈	
5.	4.5 ≈		27.	12.49 ≈	
6.	4.6 ≈		28.	14.49 ≈	
7.	4.9 ≈		29.	14.51 ≈	
8.	14.9 ≈		30.	16.51 ≈	
9.	14.1 ≈		31.	16.49 ≈	
10.	14.5 ≈		32.	7.3 ≈	
11.	7.5 ≈		33.	8.6 ≈	
12.	8.5 ≈		34.	39.5 ≈	
13.	9.5 ≈		35.	4.45 ≈	
14.	19.5 ≈		36.	18.46 ≈	
15.	29.5 ≈		37.	12.76 ≈	
16.	79.5 ≈		38.	6.2 ≈	
17.	3.4 ≈		39.	13.8 ≈	
18.	3.41 ≈		40.	49.5 ≈	
19.	3.42 ≈		41.	6.45 ≈	
20.	3.45 ≈		42.	19.48 ≈	
21.	3.49 ≈		43.	19.78 ≈	
22.	3.51 ≈		44.	59.51 ≈	

第11课: 分析混合运算创建的数字模式。

A

数字正确: _____

小数减法

1.	5 − 1 =	
2.	5.9 − 1 =	
3.	5.93 − 1 =	
4.	5.932 − 1 =	
5.	5.932 − 2 =	
6.	5.932 − 4 =	
7.	0.5 − 0.1 =	
8.	0.53 − 0.1 =	
9.	0.539 − 0.1 =	
10.	8.539 − 0.1 =	
11.	8.539 − 0.2 =	
12.	8.539 − 0.4 =	
13.	0.05 − 0.01 =	
14.	0.057 − 0.01 =	
15.	1.057 − 0.01 =	
16.	1.857 − 0.01 =	
17.	1.857 − 0.02 =	
18.	1.857 − 0.04 =	
19.	0.005 − 0.001 =	
20.	7.005 − 0.001 =	
21.	7.905 − 0.001 =	
22.	7.985 − 0.001 =	

23.	7.985 − 0.002 =	
24.	7.985 − 0.004 =	
25.	2.7 − 0.1 =	
26.	2.785 − 0.1 =	
27.	2.785 − 0.5 =	
28.	4.913 − 0.4 =	
29.	3.58 − 0.01 =	
30.	3.586 − 0.01 =	
31.	3.586 − 0.05 =	
32.	7.982 − 0.04 =	
33.	6.126 − 0.001 =	
34.	6.126 − 0.004 =	
35.	9.348 − 0.006 =	
36.	8.347 − 0.3 =	
37.	9.157 − 0.05 =	
38.	6.879 − 0.009 =	
39.	6.548 − 2 =	
40.	6.548 − 0.2 =	
41.	6.548 − 0.02 =	
42.	6.548 − 0.002 =	
43.	6.196 − 0.06 =	
44.	9.517 − 0.004 =	

第12课: 创建一个规则来生成一个数字规律，然后画出各点。

B

小数减法

数字正确: _____

提高: _____

1.	6 – 1 =		23.	7.986 – 0.002 =	
2.	6.9 – 1 =		24.	7.986 – 0.004 =	
3.	6.93 – 1 =		25.	3.7 – 0.1 =	
4.	6.932 – 1 =		26.	3.785 – 0.1 =	
5.	6.932 – 2 =		27.	3.785 – 0.5 =	
6.	6.932 – 4 =		28.	5.924 – 0.4 =	
7.	0.6 – 0.1 =		29.	4.58 – 0.01 =	
8.	0.63 – 0.1 =		30.	4.586 – 0.01 =	
9.	0.639 – 0.1 =		31.	4.586 – 0.05 =	
10.	8.639 – 0.1 =		32.	6.183 – 0.04 =	
11.	8.639 – 0.2 =		33.	7.127 – 0.001 =	
12.	8.639 – 0.4 =		34.	7.127 – 0.004 =	
13.	0.06 – 0.01 =		35.	1.459 – 0.006 =	
14.	0.067 – 0.01 =		36.	8.457 – 0.4 =	
15.	1.067 – 0.01 =		37.	1.267 – 0.06 =	
16.	1.867 – 0.01 =		38.	7.981 – 0.001 =	
17.	1.867 – 0.02 =		39.	7.548 – 2 =	
18.	1.867 – 0.04 =		40.	7.548 – 0.2 =	
19.	0.006 – 0.001 =		41.	7.548 – 0.02 =	
20.	7.006 – 0.001 =		42.	7.548 – 0.002 =	
21.	7.906 – 0.001 =		43.	7.197 – 0.06 =	
22.	7.986 – 0.001 =		44.	1.627 – 0.004 =	

第12课: 创建一个规则来生成一个数字规律,然后画出各点。

A

组成较大单位

数字正确: _____

1.	$2/4 =$		23.	$9/27 =$	
2.	$2/6 =$		24.	$9/63 =$	
3.	$2/8 =$		25.	$8/12 =$	
4.	$5/10 =$		26.	$8/16 =$	
5.	$5/15 =$		27.	$8/24 =$	
6.	$5/20 =$		28.	$8/64 =$	
7.	$4/8 =$		29.	$12/18 =$	
8.	$4/12 =$		30.	$12/16 =$	
9.	$4/16 =$		31.	$9/12 =$	
10.	$3/6 =$		32.	$6/8 =$	
11.	$3/9 =$		33.	$10/12 =$	
12.	$3/12 =$		34.	$15/18 =$	
13.	$4/6 =$		35.	$8/10 =$	
14.	$6/12 =$		36.	$16/20 =$	
15.	$6/18 =$		37.	$12/15 =$	
16.	$6/30 =$		38.	$18/27 =$	
17.	$6/9 =$		39.	$27/36 =$	
18.	$7/14 =$		40.	$32/40 =$	
19.	$7/21 =$		41.	$45/54 =$	
20.	$7/42 =$		42.	$24/36 =$	
21.	$8/12 =$		43.	$60/72 =$	
22.	$9/18 =$		44.	$48/60 =$	

第19课: 在线型图上画出数据并分析趋势。

B

单位的故事 第19课冲刺 5•6

数字正确: _____

组成较大单位 提高: _____

1.	$5/10 =$			23.	$8/24 =$	
2.	$5/15 =$			24.	$8/56 =$	
3.	$5/20 =$			25.	$8/12 =$	
4.	$2/4 =$			26.	$9/18 =$	
5.	$2/6 =$			27.	$9/27 =$	
6.	$2/8 =$			28.	$9/72 =$	
7.	$3/6 =$			29.	$12/18 =$	
8.	$3/9 =$			30.	$6/8 =$	
9.	$3/12 =$			31.	$9/12 =$	
10.	$4/8 =$			32.	$12/16 =$	
11.	$4/12 =$			33.	$8/10 =$	
12.	$4/16 =$			34.	$16/20 =$	
13.	$4/6 =$			35.	$12/15 =$	
14.	$7/14 =$			36.	$10/12 =$	
15.	$7/21 =$			37.	$15/18 =$	
16.	$7/35 =$			38.	$16/24 =$	
17.	$6/9 =$			39.	$24/32 =$	
18.	$6/12 =$			40.	$36/45 =$	
19.	$6/18 =$			41.	$40/48 =$	
20.	$6/36 =$			42.	$24/36 =$	
21.	$8/12 =$			43.	$48/60 =$	
22.	$8/16 =$			44.	$60/72 =$	

第19课: 在线型图上画出数据并分析趋势。

A

数字正确: _____

从整数中减去分数

1.	$4 - \frac{1}{2} =$		23.	$3 - \frac{1}{8} =$	
2.	$3 - \frac{1}{2} =$		24.	$3 - \frac{3}{8} =$	
3.	$2 - \frac{1}{2} =$		25.	$3 - \frac{5}{8} =$	
4.	$1 - \frac{1}{2} =$		26.	$3 - \frac{7}{8} =$	
5.	$1 - \frac{1}{3} =$		27.	$2 - \frac{7}{8} =$	
6.	$2 - \frac{1}{3} =$		28.	$4 - \frac{1}{7} =$	
7.	$4 - \frac{1}{3} =$		29.	$3 - \frac{6}{7} =$	
8.	$4 - \frac{2}{3} =$		30.	$2 - \frac{3}{7} =$	
9.	$2 - \frac{2}{3} =$		31.	$4 - \frac{4}{7} =$	
10.	$2 - \frac{1}{4} =$		32.	$3 - \frac{5}{7} =$	
11.	$2 - \frac{3}{4} =$		33.	$4 - \frac{3}{4} =$	
12.	$3 - \frac{3}{4} =$		34.	$2 - \frac{5}{8} =$	
13.	$3 - \frac{1}{4} =$		35.	$3 - \frac{3}{10} =$	
14.	$4 - \frac{3}{4} =$		36.	$4 - \frac{2}{5} =$	
15.	$2 - \frac{1}{10} =$		37.	$4 - \frac{3}{7} =$	
16.	$3 - \frac{9}{10} =$		38.	$3 - \frac{7}{10} =$	
17.	$2 - \frac{7}{10} =$		39.	$3 - \frac{5}{10} =$	
18.	$4 - \frac{3}{10} =$		40.	$4 - \frac{2}{8} =$	
19.	$3 - \frac{1}{5} =$		41.	$2 - \frac{9}{12} =$	
20.	$3 - \frac{2}{5} =$		42.	$4 - \frac{2}{12} =$	
21.	$3 - \frac{4}{5} =$		43.	$3 - \frac{2}{6} =$	
22.	$3 - \frac{3}{5} =$		44.	$2 - \frac{8}{12} =$	

第20课: 使用坐标系统解决实际习题。

B

单位的故事　　　　　　　　　　　　　　　　　　　　　　　　第20课冲刺　5•6

数字正确: _____

从整数中减去分数　　　　　　　　　　　　　　　　　　　　　　提高: _____

1.	$1 - \frac{1}{2} =$		23.	$2 - \frac{1}{8} =$	
2.	$2 - \frac{1}{2} =$		24.	$2 - \frac{3}{8} =$	
3.	$3 - \frac{1}{2} =$		25.	$2 - \frac{5}{8} =$	
4.	$4 - \frac{1}{2} =$		26.	$2 - \frac{7}{8} =$	
5.	$1 - \frac{1}{4} =$		27.	$4 - \frac{7}{8} =$	
6.	$2 - \frac{1}{4} =$		28.	$3 - \frac{1}{7} =$	
7.	$4 - \frac{1}{4} =$		29.	$2 - \frac{6}{7} =$	
8.	$4 - \frac{3}{4} =$		30.	$4 - \frac{3}{7} =$	
9.	$2 - \frac{3}{4} =$		31.	$3 - \frac{4}{7} =$	
10.	$2 - \frac{1}{3} =$		32.	$2 - \frac{5}{7} =$	
11.	$2 - \frac{2}{3} =$		33.	$3 - \frac{3}{4} =$	
12.	$3 - \frac{2}{3} =$		34.	$4 - \frac{5}{8} =$	
13.	$3 - \frac{1}{3} =$		35.	$2 - \frac{3}{10} =$	
14.	$4 - \frac{2}{3} =$		36.	$3 - \frac{2}{5} =$	
15.	$3 - \frac{1}{10} =$		37.	$3 - \frac{3}{7} =$	
16.	$2 - \frac{9}{10} =$		38.	$2 - \frac{7}{10} =$	
17.	$4 - \frac{7}{10} =$		39.	$2 - \frac{5}{10} =$	
18.	$3 - \frac{3}{10} =$		40.	$3 - \frac{6}{8} =$	
19.	$2 - \frac{1}{5} =$		41.	$4 - \frac{3}{12} =$	
20.	$2 - \frac{2}{5} =$		42.	$3 - \frac{10}{12} =$	
21.	$2 - \frac{4}{5} =$		43.	$2 - \frac{4}{6} =$	
22.	$3 - \frac{3}{5} =$		44.	$4 - \frac{4}{12} =$	

第20课：　使用坐标系统解决实际习题。

A

数字正确: _____

将带分数变为假分数

1.	$1\frac{1}{5} =$		23.	$2\frac{7}{10} =$	
2.	$2\frac{1}{5} =$		24.	$4\frac{9}{10} =$	
3.	$3\frac{1}{5} =$		25.	$1\frac{1}{8} =$	
4.	$4\frac{1}{5} =$		26.	$1\frac{5}{6} =$	
5.	$1\frac{1}{4} =$		27.	$4\frac{5}{6} =$	
6.	$1\frac{3}{4} =$		28.	$4\frac{5}{8} =$	
7.	$1\frac{2}{5} =$		29.	$1\frac{5}{8} =$	
8.	$1\frac{3}{5} =$		30.	$2\frac{3}{8} =$	
9.	$1\frac{4}{5} =$		31.	$3\frac{3}{10} =$	
10.	$2\frac{4}{5} =$		32.	$4\frac{7}{10} =$	
11.	$3\frac{4}{5} =$		33.	$4\frac{4}{5} =$	
12.	$2\frac{1}{4} =$		34.	$4\frac{1}{8} =$	
13.	$2\frac{3}{4} =$		35.	$4\frac{3}{8} =$	
14.	$3\frac{1}{4} =$		36.	$4\frac{7}{8} =$	
15.	$3\frac{3}{4} =$		37.	$1\frac{5}{12} =$	
16.	$4\frac{1}{3} =$		38.	$1\frac{7}{12} =$	
17.	$4\frac{2}{3} =$		39.	$2\frac{1}{12} =$	
18.	$2\frac{3}{5} =$		40.	$3\frac{1}{12} =$	
19.	$3\frac{3}{5} =$		41.	$2\frac{7}{12} =$	
20.	$4\frac{3}{5} =$		42.	$3\frac{5}{12} =$	
21.	$2\frac{1}{6} =$		43.	$3\frac{11}{12} =$	
22.	$3\frac{1}{8} =$		44.	$4\frac{7}{12} =$	

B

数字正确: _____

提高: _____

将带分数变为假分数

1.	$1\frac{1}{2} =$		23.	$2\frac{3}{10} =$	
2.	$2\frac{1}{2} =$		24.	$3\frac{1}{10} =$	
3.	$3\frac{1}{2} =$		25.	$1\frac{1}{6} =$	
4.	$4\frac{1}{2} =$		26.	$1\frac{3}{8} =$	
5.	$1\frac{1}{3} =$		27.	$3\frac{5}{6} =$	
6.	$1\frac{2}{3} =$		28.	$3\frac{5}{8} =$	
7.	$1\frac{3}{10} =$		29.	$2\frac{5}{8} =$	
8.	$1\frac{7}{10} =$		30.	$1\frac{7}{8} =$	
9.	$1\frac{9}{10} =$		31.	$4\frac{3}{10} =$	
10.	$2\frac{9}{10} =$		32.	$3\frac{7}{10} =$	
11.	$3\frac{9}{10} =$		33.	$2\frac{5}{6} =$	
12.	$2\frac{1}{3} =$		34.	$2\frac{7}{8} =$	
13.	$2\frac{2}{3} =$		35.	$3\frac{7}{8} =$	
14.	$3\frac{1}{3} =$		36.	$4\frac{1}{6} =$	
15.	$3\frac{2}{3} =$		37.	$1\frac{1}{12} =$	
16.	$4\frac{1}{4} =$		38.	$1\frac{11}{12} =$	
17.	$4\frac{3}{4} =$		39.	$4\frac{1}{12} =$	
18.	$2\frac{2}{5} =$		40.	$2\frac{5}{12} =$	
19.	$3\frac{2}{5} =$		41.	$2\frac{11}{12} =$	
20.	$4\frac{2}{5} =$		42.	$3\frac{7}{12} =$	
21.	$3\frac{1}{6} =$		43.	$4\frac{5}{12} =$	
22.	$2\frac{1}{8} =$		44.	$4\frac{11}{12} =$	

A

单位的故事 第29课冲刺 5•6

数字正确: _____

小数乘法

1.	3 × 2 =		23.	0.6 × 2 =	
2.	3 × 0.2 =		24.	0.6 × 0.2 =	
3.	3 × 0.02 =		25.	0.6 × 0.02 =	
4.	3 × 3 =		26.	0.2 × 0.06 =	
5.	3 × 0.3 =		27.	5 × 7 =	
6.	3 × 0.03 =		28.	0.5 × 7 =	
7.	2 × 4 =		29.	0.5 × 0.7 =	
8.	2 × 0.4 =		30.	0.5 × 0.07 =	
9.	2 × 0.04 =		31.	0.7 × 0.05 =	
10.	5 × 3 =		32.	2 × 8 =	
11.	5 × 0.3 =		33.	9 × 0.2 =	
12.	5 × 0.03 =		34.	3 × 7 =	
13.	7 × 2 =		35.	8 × 0.03 =	
14.	7 × 0.2 =		36.	4 × 6 =	
15.	7 × 0.02 =		37.	0.6 × 7 =	
16.	4 × 3 =		38.	0.7 × 0.7 =	
17.	4 × 0.3 =		39.	0.8 × 0.06 =	
18.	0.4 × 3 =		40.	0.09 × 0.6 =	
19.	0.4 × 0.3 =		41.	6 × 0.8 =	
20.	0.4 × 0.03 =		42.	0.7 × 0.9 =	
21.	0.3 × 0.04 =		43.	0.08 × 0.8 =	
22.	6 × 2 =		44.	0.9 × 0.08 =	

第29课: 巩固几何学词汇。

B

数字正确: _____

提高: _____

小数乘法

1.	4 × 2 =	
2.	4 × 0.2 =	
3.	4 × 0.02 =	
4.	2 × 3 =	
5.	2 × 0.3 =	
6.	2 × 0.03 =	
7.	3 × 3 =	
8.	3 × 0.3 =	
9.	3 × 0.03 =	
10.	4 × 3 =	
11.	4 × 0.3 =	
12.	4 × 0.03 =	
13.	9 × 2 =	
14.	9 × 0.2 =	
15.	9 × 0.02 =	
16.	5 × 3 =	
17.	5 × 0.3 =	
18.	0.5 × 3 =	
19.	0.5 × 0.3 =	
20.	0.5 × 0.03 =	
21.	0.3 × 0.05 =	
22.	8 × 2 =	

23.	0.8 × 2 =	
24.	0.8 × 0.2 =	
25.	0.8 × 0.02 =	
26.	0.2 × 0.08 =	
27.	5 × 9 =	
28.	0.5 × 9 =	
29.	0.5 × 0.9 =	
30.	0.5 × 0.09 =	
31.	0.9 × 0.05 =	
32.	2 × 6 =	
33.	7 × 0.2 =	
34.	3 × 8 =	
35.	9 × 0.03 =	
36.	4 × 8 =	
37.	0.7 × 6 =	
38.	0.6 × 0.6 =	
39.	0.6 × 0.08 =	
40.	0.06 × 0.9 =	
41.	8 × 0.6 =	
42.	0.9 × 0.7 =	
43.	0.07 × 0.7 =	
44.	0.8 × 0.09 =	

第29课: 巩固几何学词汇。

A

单位的故事　　　　　　　　　　　　　　　　　　　　　　第33课冲刺　5•6

数字正确: _____

小数除法

1.	1 ÷ 1 =	
2.	1 ÷ 0.1 =	
3.	2 ÷ 0.1 =	
4.	7 ÷ 0.1 =	
5.	1 ÷ 0.1 =	
6.	10 ÷ 0.1 =	
7.	20 ÷ 0.1 =	
8.	60 ÷ 0.1 =	
9.	1 ÷ 1 =	
10.	1 ÷ 0.1 =	
11.	10 ÷ 0.1 =	
12.	100 ÷ 0.1 =	
13.	200 ÷ 0.1 =	
14.	800 ÷ 0.1 =	
15.	1 ÷ 0.1 =	
16.	1 ÷ 0.01 =	
17.	2 ÷ 0.01 =	
18.	9 ÷ 0.01 =	
19.	5 ÷ 0.01 =	
20.	50 ÷ 0.01 =	
21.	60 ÷ 0.01 =	
22.	20 ÷ 0.01 =	

23.	5 ÷ 0.1 =	
24.	0.5 ÷ 0.1 =	
25.	0.05 ÷ 0.1 =	
26.	0.08 ÷ 0.1 =	
27.	4 ÷ 0.01 =	
28.	40 ÷ 0.01 =	
29.	47 ÷ 0.01 =	
30.	59 ÷ 0.01 =	
31.	3 ÷ 0.1 =	
32.	30 ÷ 0.1 =	
33.	32 ÷ 0.1 =	
34.	32.5 ÷ 0.1 =	
35.	25 ÷ 5 =	
36.	2.5 ÷ 0.5 =	
37.	2.5 ÷ 0.05 =	
38.	3.6 ÷ 0.04 =	
39.	32 ÷ 0.08 =	
40.	56 ÷ 0.7 =	
41.	77 ÷ 1.1 =	
42.	4.8 ÷ 0.12 =	
43.	4.84 ÷ 0.4 =	
44.	9.63 ÷ 0.03 =	

第33课:　设计和建造一些箱子来存储夏季用的材料。

B

单位的故事　　　　　　　　　　　　　　　　　　　　　　　　　　　　第33课冲刺　5·6

数字正确: _____

小数除法　　　　　　　　　　　　　　　　　　　　　　　　　　　　　提高: _____

1.	10 ÷ 1 =		23.	4 ÷ 0.1 =	
2.	1 ÷ 0.1 =		24.	0.4 ÷ 0.1 =	
3.	2 ÷ 0.1 =		25.	0.04 ÷ 0.1 =	
4.	8 ÷ 0.1 =		26.	0.07 ÷ 0.1 =	
5.	1 ÷ 0.1 =		27.	5 ÷ 0.01 =	
6.	10 ÷ 0.1 =		28.	50 ÷ 0.01 =	
7.	20 ÷ 0.1 =		29.	53 ÷ 0.01 =	
8.	70 ÷ 0.1 =		30.	68 ÷ 0.01 =	
9.	1 ÷ 1 =		31.	2 ÷ 0.1 =	
10.	1 ÷ 0.1 =		32.	20 ÷ 0.1 =	
11.	10 ÷ 0.1 =		33.	23 ÷ 0.1 =	
12.	100 ÷ 0.1 =		34.	23.6 ÷ 0.1 =	
13.	200 ÷ 0.1 =		35.	15 ÷ 5 =	
14.	900 ÷ 0.1 =		36.	1.5 ÷ 0.5 =	
15.	1 ÷ 0.1 =		37.	1.5 ÷ 0.05 =	
16.	1 ÷ 0.01 =		38.	3.2 ÷ 0.04 =	
17.	2 ÷ 0.01 =		39.	28 ÷ 0.07 =	
18.	7 ÷ 0.01 =		40.	42 ÷ 0.6 =	
19.	4 ÷ 0.01 =		41.	88 ÷ 1.1 =	
20.	40 ÷ 0.01 =		42.	3.6 ÷ 0.12 =	
21.	50 ÷ 0.01 =		43.	3.63 ÷ 0.3 =	
22.	80 ÷ 0.01 =		44.	8.44 ÷ 0.04 =	

第33课:　设计和建造一些箱子来存储夏季用的材料。

鸣谢

Great Minds®已竭尽全力获得转载所有受版权保护材料的许可。如果有版权材料的所有人在此未得到确认,请与Great Minds联系,以便在本模块的所有未来版本和再版中获得适当的确认。

Printed by Libri Plureos GmbH in Hamburg, Germany